초등학생을 위한 양자역학 4

- 원자 폭탄의 비밀 -

초등학생을 위한 양자역학 4

- 원자 폭탄의 비밀 -

기획 어린이과학동아

그림 홍승우 | 글 이억주 | 감수 최준곤(고려대학교 물리학과 교수)

해나무

머리말

안녕하세요, 어린이 여러분. 저는 만화가 홍승우입니다.
저는 어렸을 때부터 과학자를 존경해 왔습니다.
과학자들은 우리가 살고 있는 지구와 우주 만물이 어떻게 만들어졌고
어떤 법칙으로 작동하는가 하는 문제를 탐구했기 때문입니다.

여러분 앞에 사과가 하나 있다고 생각해 보세요.
사과를 반으로 쪼개고 그 반을 또 쪼개고 계속 쪼개다 보면 무엇이 나올까요?
바로 원자입니다. 원자는 이 세상의 모든 물질을 이루는 단위입니다.
양자역학은 원자같이 더 이상 쪼갤 수 없는 단위 안에서 벌어지는
물리 현상을 탐구합니다.

그토록 작고 작은 세계에 대해 궁금증과 의문을 갖기 시작한 건
먼 옛날 그리스 시대부터랍니다. 그때부터 지금까지 수천 년 동안
과학자들이 원자를 연구해 온 결과 지금은 원자 안에 무엇이 들어 있고
그것들이 어떻게 움직이는지 알고 있습니다. 하지만 아직도 더 알아내야 할
사실들이 남아 있죠.

이런 의문을 품은 과학자들은 누구였는지, 또 어떻게 연구를 해 왔는지
궁금하지 않나요? 그들의 발견 이야기와 원자 속 세계에서 작동하는
물리 법칙을 만화를 통해 배워 보세요. 이 책에서는 우리 이웃과도 같은
다운이 가족이 시간을 거스르며 원자 속 세상을 탐험합니다.

자, 그럼 만화 캐릭터들과 함께 어린이 여러분도 눈에 보이지 않는
가장 작은 세계로 들어올 준비되셨나요?
그럼 시작합니다!

홍승우(만화가)

여러분은 핸드폰이나 컴퓨터 없이 잘 살 수 있나요?
아마도 원시 시대로 돌아간 느낌일 것입니다.
오늘날 우리 생활을 편리하게 해 주는 여러 과학기술은 양자역학 덕분에 등장할 수 있었습니다. 특히 핸드폰과 컴퓨터에 적용되는 반도체의 원리도 양자역학으로 설명됩니다.

과학사에는 두 번의 '기적의 해'가 있어요.
첫 번째는 뉴턴이 만유인력 법칙과 운동 법칙을 발견하여
달과 사과의 움직임을 설명한 1666년이고,
두 번째는 아인슈타인이 빛과 전자의 성질에 대한
위대한 논문을 발표해서 양자역학의 기초를 다진 1905년입니다.
뉴턴의 운동 법칙은 눈으로 볼 수 있는 거시 세계를 설명하는 반면,
양자역학은 눈으로 볼 수 없는 미시 세계를 설명합니다.

양자역학을 모두 이해하는 것은 참으로 어려운 일이에요.
하지만 호기심을 갖는다면, 물질이 무엇으로 이루어져 있고,
그 물질 사이에서 어떤 일이 일어나는지를 살펴볼 수 있습니다.

호기심은 과학의 가장 큰 밑거름이에요.
이 책은 바로 그 호기심을 가지고 물질의 세계를 탐구한 과학자들의 이야기입니다. 고대 그리스의 철학자 데모크리토스부터 양자 순간 이동을 성공시킨 안톤 차일링거까지, 양자역학에 기여한 수많은 과학자들을 통해 여러분을 미시 세계로 안내하고자 합니다.

이억주(글 작가)

차례

원자 폭탄은
어떻게
만들어질까?

폭탄이야!
빨리 피해야 해!

등장인물

정다운X김민서X믹스
호기심으로 똘똘 뭉친 삼총사.
시간 이동을 통해 함께 양자역학 대모험을 떠난다.

다운이 가족
누구보다
서로를 아끼는
따뜻한 가족.
함께 모이면 웃음이
끊이질 않는다.

정체불명의 방해꾼
시간 이동을 방해하는
수수께끼의 인물들.
그들의 정체는 과연 무엇일까?

갈릴레오 갈릴레이
이탈리아의 물리학자 (1564~1642)

파울 에렌페스트
오스트리아의 물리학자 (1880~1933)

조지 가모프
러시아의 물리학자 (1904~1968)

막스 플랑크
독일의 물리학자 (1858~1947)

리제 마이트너
오스트리아의 물리학자 (1878~1968)

로버트 오펜하이머
미국의 물리학자 (1904~1967)

에드워드 텔러
헝가리의 물리학자(1908~2003)

엔리코 페르미
이탈리아의 물리학자(1901~1954)

도모나가 신이치로
일본의 물리학자 (1906~1979)

팔랑
고전역학
오늘은 운동 법칙에 대해 알아봅시다.
1화
갈릴레오의 낙하 실험
팔랑
운동 법칙이라면 뉴턴의 운동 법칙을 말씀하시는 건가요?
맞아요. 민서 학생! 운동 제1법칙이 뭐죠?
운동 제1법칙! '적당히 운동하자'! 무리하면 병나니까요!
와
하
하
대박

훅
…라고
말할 줄
알았지?
헉
샤
운동 제1법칙은
관성의 법칙이에요.
달리는 버스가
갑자기 멈출 때
승객들이 앞으로
쏠리는 이유가
바로 관성의 법칙
때문이죠.
끼이익
약
오~,
반전 매력!
매력
있다
카로운
질문
그럼…
관성이 뭔데?
관성이란,
외부에서
힘을 가하지
않으면…
움직이고 있는 물체는 계속 움직이고
……
조용~
멈춰 있는 물체는
계속 멈춰 있으려는
성질이야!

운동 제2법칙?
아주 좋아요! 그럼 운동 제2법칙은 뭘까요?
'운동을 꾸준히 하자'입니다! 하다 말다 하면 건강에 도움이 안 돼요.
에이~ 무리수!
두구두구
자, 다음 반전은?
진짜 모르겠어.
관성을 제대로 아는 것만 해도 대단하죠. 잘했어요, 민서 학생!
헤헷
쿵
으악! 뭡니까?
제가 대답할게요.
그냥 손 들면 되지, 왜 책상 위에…!
한번 해 봤어요.

제2법칙은 가속도의 법칙입니다.
작은 힘
질량
작은 가속도
큰 힘
질량
큰 가속도
물체의 질량이 같을 때, 작용하는 힘이 클수록 가속도가 커지죠.
제2법칙을 방정식으로 쓰면…
힘
질량
가속도
F=m×a
이렇게 됩니다.
오!
와!
샤방~!
대박!
헐.
제3법칙은 작용과 반작용의 법칙입니다.
우리가 어떤 힘으로 물체를 밀면 물체도 크기가 같고 방향이 반대인 힘으로 우리를 밀어요.
뜨아!
즉, 어떤 힘이 작용하면 반드시 크기가 같고 방향이 반대인 반작용이 생긴다는 겁니다!
와
어떻게 저런 걸 다 알지?

후후!
똑똑한 건 인정하지만, 그렇다고 어깨까지 키울 필요는… 하여튼 겸손을 몰라요.
세 가지 운동 법칙에 기초한 고전역학만 알면 우주의 모든 현상을 설명할 수 있죠!
앗, 선생님! 원자 세계에서는 그 운동 법칙들이 통하지 않잖아요.
아뇨, 원자 세계에서도 고전역학의 운동 법칙이 모두 성립합니다!
네?
내가 지금 잘못 듣고 있는 건 아니지?
삑
삑
하지만 선생님! 전자 같은 입자는 위치와 운동량을 동시에 정확히 알 수 없어요!
하이젠베르크의 '불확정성의 원리'가 있으니까요!
고럼!

뭐 그런 원리가 있다고 하더라도…
우리가 사는 세상은 말이죠…
뉴턴의 운동 법칙만 알면 모든 게 해결됩니다.
스윽
오늘따라 선생님이 왜 이러시는 거지?
그렇지만 양….
양자역학에 대해 말하려는 건가요?
켁!
원자 세계를 설명할 수 있는 건 오직 양자역학뿐이라고요!

아인슈타인도 닐스 보어의 코펜하겐 해석을 받아들이지 않았죠.
그 이유가 뭘까요? 양자역학은 엉터리이기 때문입니다.
엉, 엉터리라뇨…! 말도 안 돼요! 아인슈타인 교수님도 나중에 후회하셨을 거예요!
양자역학은 세상을 더 헷갈리게 만들 뿐입니다. 갈릴레오나 뉴턴도 양자역학을 알았다면 그렇게 생각했을 거예요.
수업 끝!
휙
헐!
믿기지가 않아. 양자역학이 엉터리라고 하시다니…
과학 선생님이 그러실 줄 몰랐어. 철저한 고전역학 신봉자야.
선생님이 오늘 유난히 집요하시긴 했어.

예전에도 양자역학을 싫어하는 사람들이 있었다는 이야기를 들었어.
왜 싫어했대?
우리 과학 선생님처럼 갈릴레오와 뉴턴의 이론이 확실하다고 생각했던 거야. 도저히 의심할 수가 없었던 거지.
우리를 구원해 주소서!
하지만 양자역학을 뒷받침하는 증거는 이미 많다고!
콰아
음~, 그럼 갈릴레오나 뉴턴을 만나서 이야기를 들어 보고 싶네.
나도 그러고 싶지만 그게 우리 뜻대로 되니?
슥
쟤들은 이제 곧 시간 이동을 할 거야.
그걸 어떻게 알죠?

내가 오늘
수업 시간에…
슥
다운이를 화나게
했거든, 흐흐….
두둥!
왜 그러셨어요?
선생님이….
부끄럽지도
않나?
당연히 윗선의
지시 때문이지!
고전역학을 찬양해서
궁금증을 불러일으키면
아이들이 시간 이동을
할 테니까!
벌떡
아….
지금까지
시간 이동을 해 본 결과,
항상 상황에 걸맞은
과학자를 만났어.
그러니 이번에도…
만날 확률이
매우 높다고!
우리가 뭐
전자라도 되니?
확률대로
움직이게….
휙

고전역학과
양자역학의
결합!
엇!
멈칫
푹
왜 갑자기
멈추세요?
포근
시간 이동 전후에 대화를
자세히 들어 보라는
윗선의 지시가 있었거든.
아…
둥
그런데 방금
시간 이동을
한 것 같아!
벅 벅
귀밑이
왜 이리
간지러워?
벅
벅

주욱
어? 귀밑에 뭔가가!
믹스! 지난번엔 침착하더니 또 왜 그래?
좌악
왈 왈 왈
크르릉! (얘들아! 내 귀에 도청 장치가 있어!)
1590년 이탈리아 피사의 사탑*
와글 와글
믹스, 조용히 해!
내 귀에 도청 장치가 있다니까!
아, 쫌! 조용히 하라고! 사람들이 보잖아!
읍 읍
봐 봐! 진짜 원하는 곳에 왔잖아. 내 말이 맞지?

* '기울어진 탑'으로 유명한 사탑. 높이는 약 55m로, 18층 건물과 비슷하다.

지금 갈릴레오 교수가 탑 위에서 쇠공 두 개를 떨어뜨린다는군.
수근
수근
왜? 미워하는 사람이라도 있대? 맞으면 아플 텐데?
아니! 어떤 공이 먼저 떨어지는지 보여 준다는데?
그거야 무거운 공이 먼저 떨어지겠지. 꼭 해 봐야 아나?
저 양반도 참 할 일 없는 사람이구먼.
그걸 보고 싶어 하는 우린 더 할 일이 없지~
자, 지금부터 낙하 실험*을 하겠습니다!

* 사실 갈릴레오는 피사의 사탑에서 쇠공을 떨어뜨리는 실험을 한 적이 없다. 그렇지만 갈릴레오의 생각을 잘 보여 주는 일화이기 때문에 만화로 표현했다.

이 두 쇠공은 무게 차이가 무려 열 배나 됩니다!
어느 공이 먼저 떨어지는지 자세히 봐 주십시오!
3!
2!
1!
0!

슈
악
슉
툭
어라? 동시에 떨어졌어!
말도 안 돼!
무거운 공이 먼저 떨어질 줄 알았는데!
다들 잘 보셨소?
두 공이 동시에 떨어졌습니다!
그리스의 위대한 철학자 아리스토텔레스는 무게가 다른 두 물체를 동시에 낙하시키면 무거운 물체가 먼저 떨어진다고 주장했습니다!
우리도 그렇게 믿었는데!

하지만 그가 틀렸다는 것이 방금 증명됐소!
탑 꼭대기로 가서 갈릴레오를 만나 보자!
파팍
으르르 워!
탁 탁
안녕하세요, 갈릴레오 교수님!
오, 아이들이 내 실험에 관심을 보이다니! 너희들도 실험을 봤니?
내 귀에 도청 장치 있다고! 개 말 좀 들어!
네, 정말 잘 봤어요! 그런데 궁금한 점이 있어요.
으릉
왈
교수님은 왜 이런 실험을 하신 거죠?
아리스토텔레스가 틀렸다는 걸 보여 주고 싶어서야.
실험이나 제대로 했는지
낙하 속력은 무게와 상관없다는 사실을 증명하려고 한 거지.

하지만 쇠공과 깃털을 동시에 떨어뜨리면 쇠공이 먼저 떨어지잖아요.
스르르
쓩
그건 공기의 저항 때문이란다. 깃털은 공기와 접촉하는 면적이 커서 저항을 많이 받거든.
팔랑 팔랑
그렇다면 공기가 없는 진공 상태에서 낙하 실험을 하면….
동시에 떨어지지.
교수님은 2000년 넘게 믿어 온 원리가 틀렸다는 걸 종교계와 싸우면서까지 증명한 대단한 과학자라고 들었어요.
음…
뭐 그렇게 되고 싶기는 하지만, 아직은…

그리고 그런 말은 조심해서 해야 해. 자칫하면 종교 재판을 받을 수 있으니….
화형식
뿌뻬꺽!
우린 재빠르게 시간 이동 해서 돌아가면 되잖아.
속닥
악, 조용히 있을게요!
난 고발하지 않을 테니 걱정 말거라.
어쩌면 내가 종교 재판소에 갈지도 모르지.
난 지금 밤마다 천체를 관측하며 연구하고 있단다.
사람들은 지구가 우주의 중심이라고 믿고 있지만, 난 그렇게 생각하지 않아.

지동설!
사람들의 생각을 하루아침에 바꿀 수는 없겠지만…
나는 지구가 태양 주위를 돌고 있다는 사실을 반드시 과학적으로 증명할 거야!
꼭 그러실 수 있을 거예요! 장담해요!
이 우주의 모든 현상을 설명하는 이론을 꼭 만들고 말 거다!
…….
만약… 만약에요….
?
교수님의 이론 중에 틀린 것이 있다면 어떻게 하실 거예요?
절대 그런 이론을 만들 일 없어! 나 자신이 그런 오류를 용납하지 않아!
억!!
하지만…

누군가 실험으로 내 생각이 틀렸다는 사실을 증명해 낸다면 그 결과를 받아들여야겠지.
내 주장보다 더 중요한 건…
우주의 진실이니까!
내가 알아낸 진실들이 먼 훗날 더 새로운 진실을 찾기 위한 발판이 된다면 그걸로 만족한단다.
원자같이 작은 입자들의 세계에서는 다른 물리 법칙이 성립할지도 몰라요.
오, 그거 멋진 생각이구나! 마음에 들어!
팍
그게 사실이라면 분명 새로운 물리학이 필요할 거야!

아무튼 너희 같은 꼬마들과 이런 대화를 나눌 수 있다니 놀랍구나.
히히
언제 한번 내 연구실에 놀러 오렴!
사락
연구실 주소는….
!
슥
음… 고전역학이든 양자역학이든 둘 다 당시에 알고 있던 세계를 설명하는 이론이야.
뭐가 더 낫고 부족한지 가릴 필요가 없어.
촤 악
결국 내 귀의 도청 장치는 스스로 제거해야 하는 건가.
봐 봐! 내 말이 맞지? 딱 맞는 시대에 다녀왔잖아!
샤 샥
!

역시, 대화를 들어 보니 시간 이동을 한 게 확실해!
어? 개한테만 도청 장치를 달았는데 어떻게 아이들 이야기까지 들을 수 있죠?
아까 다운이를 화나게 했을 때, 개 가방에 몰래 도청 장치를 설치했거든~.
씨익
한편 다운이의 집
벅벅
내가 떼어 낸다! 떼어 내고 만다! 난 할 수 있다!
벅벅
믹스야~ 간식 먹어!
멍?
헥 헥!
덜렁덜렁!

2화 음식은 가려 먹자!

떡볶이 3인분 주문 시 순대~
언니가 사 주는 떡볶이는 언제나 맛있단 말이야~!
떡볶
순대
자, 잠깐! 내가 언제 떡볶이를 산다고 했어?
정말 이럴 거야?
오싹
내가 언니를 위해 오빠 뒷조사한 거 기억 안 나?* 보답이 왜 이래?
알았어! 내가 살게!
너희들, 왠지 텔레파시를 주고받는 것 같다?

* 『초등학생을 위한 양자역학 1』 7화 참고.

오빠는 빠져!
슥
아, 알았어….
민서야, 너 겨운이에게 약점이라도 잡혔니?
아니거든!
쩝쩝
귀여운 동생이니까 사 주는 거지….
고럼고럼
아줌마, 여기 튀김 하나 추가요!
또?
지화자~!
도대체 너희 남매 위는 어떻게 생겨 먹은 거야!
좌악
뭐야, 지금 우리 욕하는 거야?
천천히 많이 드세요~.
정겨운! 적당히 좀 먹어. 곧 믹스 데리러 병원에 가야 하잖아.
병원? 믹스 어디 아파?

심하게 아픈 건 아니고… 뭘 잘못 먹었는지 몸을 배배 꼬더라고….
낑 낑
부르르
그래서 엄마랑 같이 검사받으러 갔어.
와구 와구
이런
엄만 오후에 볼일이 있어서 이따가 나랑 오빠가 믹스를 데리고 와야 해.
폭풍 흡입 분식점
펫짱 애견숍
펫짱 동물 병원
낑낑!
여기 싫어!
낑 낑
주말에 문 여는 데는 여기뿐이야. 빨리 들어가자!
척
믹스, 들어오세요~.
X선 검사실

뭐야!
예전에 봤던
수상한 여자…
이 병원에서도
일하잖아?
X선 싫어!
이 여자도 싫어!
다다
애가 병원을 싫어해서요…
그냥 제가 안고 들어갈게요.
네….
그게 좋겠네요
탁
X-RAY
X-RAY
쾅
쿵
꽥
악
헥 헥!
죄송해요…
얘가 좀 사납죠?
괜찮습니다…
얘도 힘들 테니
어쩔 수 없죠….

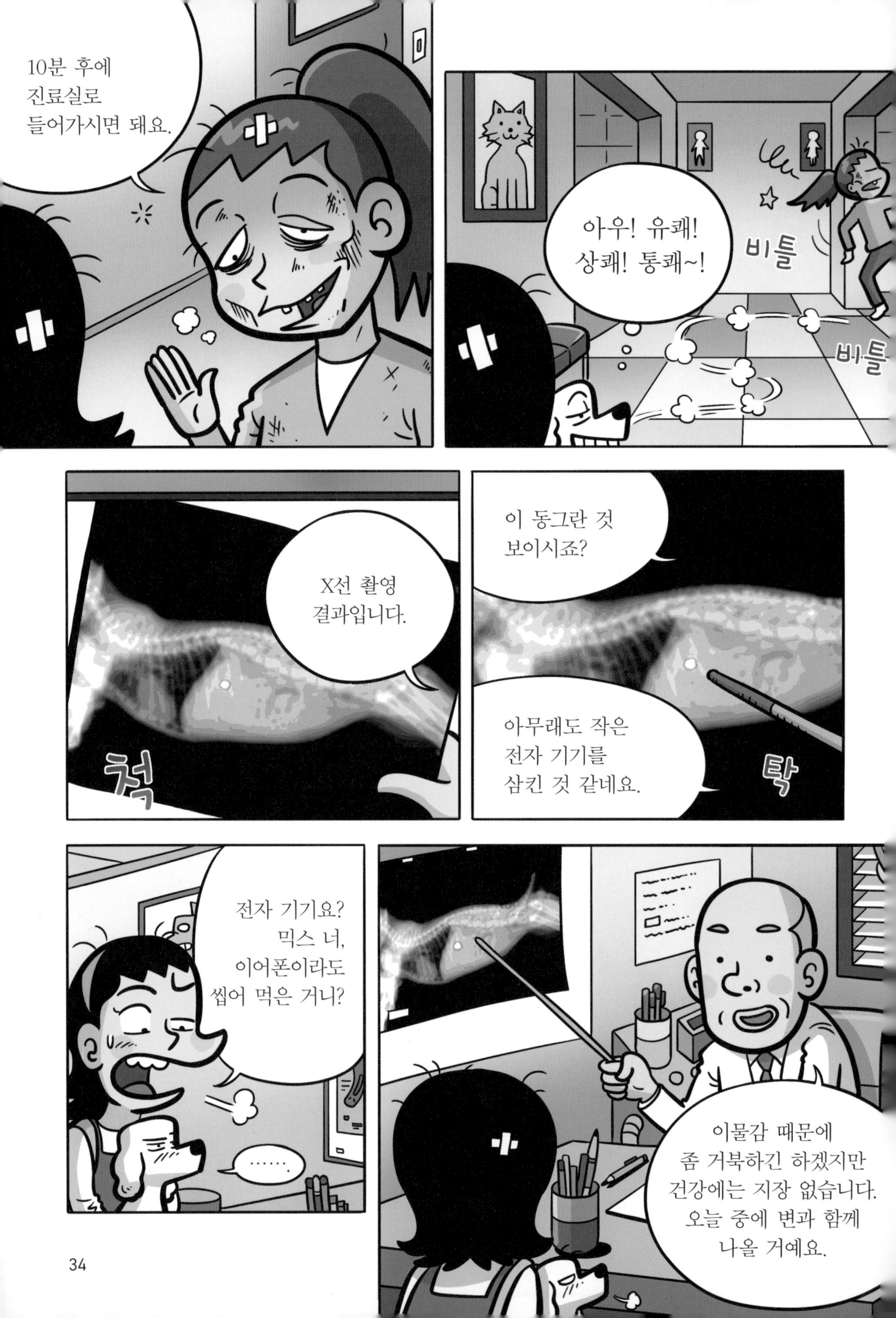
10분 후에 진료실로 들어가시면 돼요.
아우! 유쾌! 상쾌! 통쾌~!
비틀
비틀
X선 촬영 결과입니다.
척
이 동그란 것 보이시죠?
아무래도 작은 전자 기기를 삼킨 것 같네요.
탁
전자 기기요? 믹스 너, 이어폰이라도 씹어 먹은 거니?
……
이물감 때문에 좀 거북하긴 하겠지만 건강에는 지장 없습니다. 오늘 중에 변과 함께 나올 거예요.

♬
덜렁덜렁.
쩝
쩝
쩝
쩝
톡!
콱
스톱!
먹지 마!
꿀
꺽
NOOOOOO!!
콰
악
도청 장치를
이렇게 없앨 생각은
아니었는데….
펑
!
꾸
르
륵!
…….

왈!
그분이 오셨다!
이제 이놈을
빼낼 수 있어!
개가 도청 장치를
삼킨 게 맞아요.
자꾸 들렸던 '꾸르륵'
소리는 소화 기관에서
난 소리인 것 같습니다.
도청 장치를
왜 그렇게 허술하게
달아 놓은 거야?
!
왜 저한테 그러세요?
제가 그랬잖아요. 긁기
쉬운 귀밑은 위험하….
앗! 이따
다시 걸게!
야, 치사하게
치고 빠지냐!
…
깜짝이야.
통화 좀
조용히 하시지.
쩝
윽, 애들이
눈치채면
안 되는데….

저 사람, 예전에도 본 적 있는 것 같아….
맞아, 이 분식집에 자주 오잖아. 단골인가 봐.
아니 그게 아니라… 내가 아는 사람이랑 많이 닮은 것 같아서….
게다가 분식점에서 선글라스라니…
꺼윽
오빠 눈은 믿을 게 못 돼. 어렸을 때 엄마 잃어버리고 맨날 다른 아줌마 손 잡고 다녔잖아….
꺼으 꺼으 꺼으
웃지 마! 그게 뭐! 다 먹었으면 얼른 믹스나 데리러 가자.
벌떡
끄윽
아, 나도 같이 갈래. 네가 믹스를 못 알아보고 다른 개 데리고 가면 안 되잖아~.
배부르고 웃기고 아아 괴로워~
윽….

단세포 같기는… 먹었더니 좋단다
냐 냐
민서야, 아까 선글라스 낀 사람 아무래도 이상하지 않아?
그 코랑 입… 아무리 봐도 아는 사람 같단 말이야….
저번에 내가 수상하다고 했을 땐 코웃음 쳤으면서!
!
데이터가 쌓여서 생각이 바뀐 거지.

네 생각이 무슨 전자라도 되냐? 계속해서 바뀌게?
쳇! 그새 좀 배웠다고 비유하기는~.
우린 아직 양자역학을 잘 모르잖아.
뭐 어때~. 미국의 물리학자 리처드 파인만도 이렇게 말했다고!
양자역학을 완벽히 이해한 사람은 아무도 없다.
헉! 그런 건 또 어디서 주워들은 거냐?
주워듣긴! 공부한 거야!
열공
그래도 최대한 이해하도록 노력해 봐야 하지 않겠어?
!

파인만과
양자역학의
결합!
콱
야야!
집중,
집중!
끙
끙
끙
믹스,
힘내!
나온다,
나온다!
뿡
뿡
주욱
어우 냄새….
촤 아 악
…….

1927년 네덜란드
레이던 대학교
음~.
어, 저분은….
아이고 깜짝이야!
제5차
솔베이 회의에서
아인슈타인과 보어의
논쟁을 중재했던
파울 에렌페스트
교수님!
어? 너희들은
솔베이 회의 때
보어 교수가
데려온 아이들….
네, 다시 뵙네요
여기는 어쩐
일이니?
그냥 놀러 왔어요.
네덜란드까지?
여행 왔나 보구나.

나는 지금 양자역학의 세계관에 대해 생각하고 있었단다.
세… 세계관이 뭔데요?
쉽게 말하면 이 세상을 바라보는 생각이나 관점을 뜻해.
양자역학으로 세상을 바라보는 방식… 뭐 그런 건가요?
아주 정확히 이야기했다.
훗
후후
여기서 볼일을 보면 배 속의 도청 장치가 나올 텐데… 그럼 시간 이동에 문제가 생겨 돌아가지 못할지도 몰라….
참아야 하느니라 참아야 하느니라
똑 똑 똑

며칠 전 제5차 솔베이 회의에서 보어 교수가 코펜하겐 해석을 주장할 때…
아인슈타인 교수가 반박을 했지.
보어 교수님!
양자역학에 대한 서로 다른 세계관이 부딪히는 순간이었어.
그래서 교수님께서 중재하셨잖아요.
그랬지.
하지만 사실 난 아인슈타인의 반박이 반갑지 않았어.
아인슈타인, 부끄럽네.
마치 자네 의견에 반대하는 사람이 무턱대고 상대성 이론을 반박하듯이…
자네도 새로운 양자 이론에 마냥 반대하고 있지 않은가?

그래도 나는 받아들일 수 없네!
신은 주사위 놀이를 하지 않아.
그래도 논쟁은 과학을 발전시키잖아요.
그래 맞다
난 아인슈타인 교수가 새로운 이론에 더 열려 있었으면 하고 바랐던 거야.
그건 그렇고, 나도 이론을 만들었단다.
무슨 이론요?
'단열 불변량'과 관련된 이론이지!
1900년 독일의 막스 플랑크는 흑체 복사를 설명하기 위해 양자 가설을 도입했어.
바늘구멍

아인슈타인은 광전 효과를 설명하면서
빛이 에너지 덩어리를 나르는 입자라고 주장했지.
빛
금속판
410nm 434nm 486nm 656nm
이후 보어가 양자 개념을 발전시켜
수소 원자의 스펙트럼을 설명하면서
양자역학이 자리 잡기 시작한 거야.
자, 물체가 진동하고
있을 때…
그 운동과 관련 있는 어떤
변수를 변화시킨다고 하자.
땡겨!
이렇게 무언가를
바꿨는데도…
변하지 않고
보존되는 양이
있지.
"진동 에너지와 진동수의 비는
항상 일정하게 보존된다."
진동 에너지 / 진동수 = 일정
이걸 '단열 불변량'
이라고 한단다.
악! 너무
어려워요!

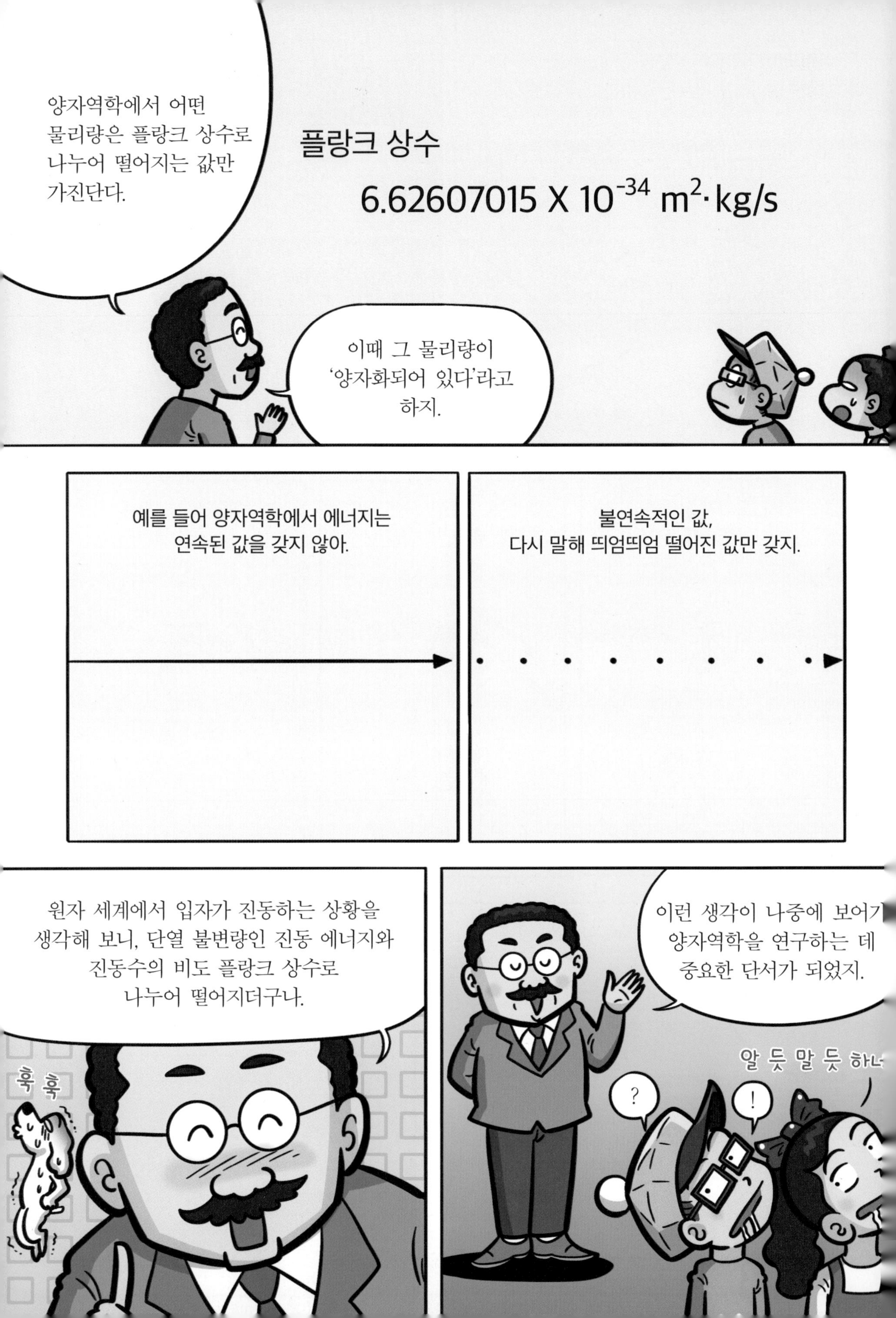
양자역학에서 어떤 물리량은 플랑크 상수로 나누어 떨어지는 값만 가진단다.
플랑크 상수
6.62607015 X 10^-34 m^2·kg/s
이때 그 물리량이 '양자화되어 있다'라고 하지.
예를 들어 양자역학에서 에너지는 연속된 값을 갖지 않아.
불연속적인 값, 다시 말해 띄엄띄엄 떨어진 값만 갖지.
원자 세계에서 입자가 진동하는 상황을 생각해 보니, 단열 불변량인 진동 에너지와 진동수의 비도 플랑크 상수로 나누어 떨어지더구나.
훅 훅
이런 생각이 나중에 보어가 양자역학을 연구하는 데 중요한 단서가 되었지.
?
!
알 듯 말 듯 하네

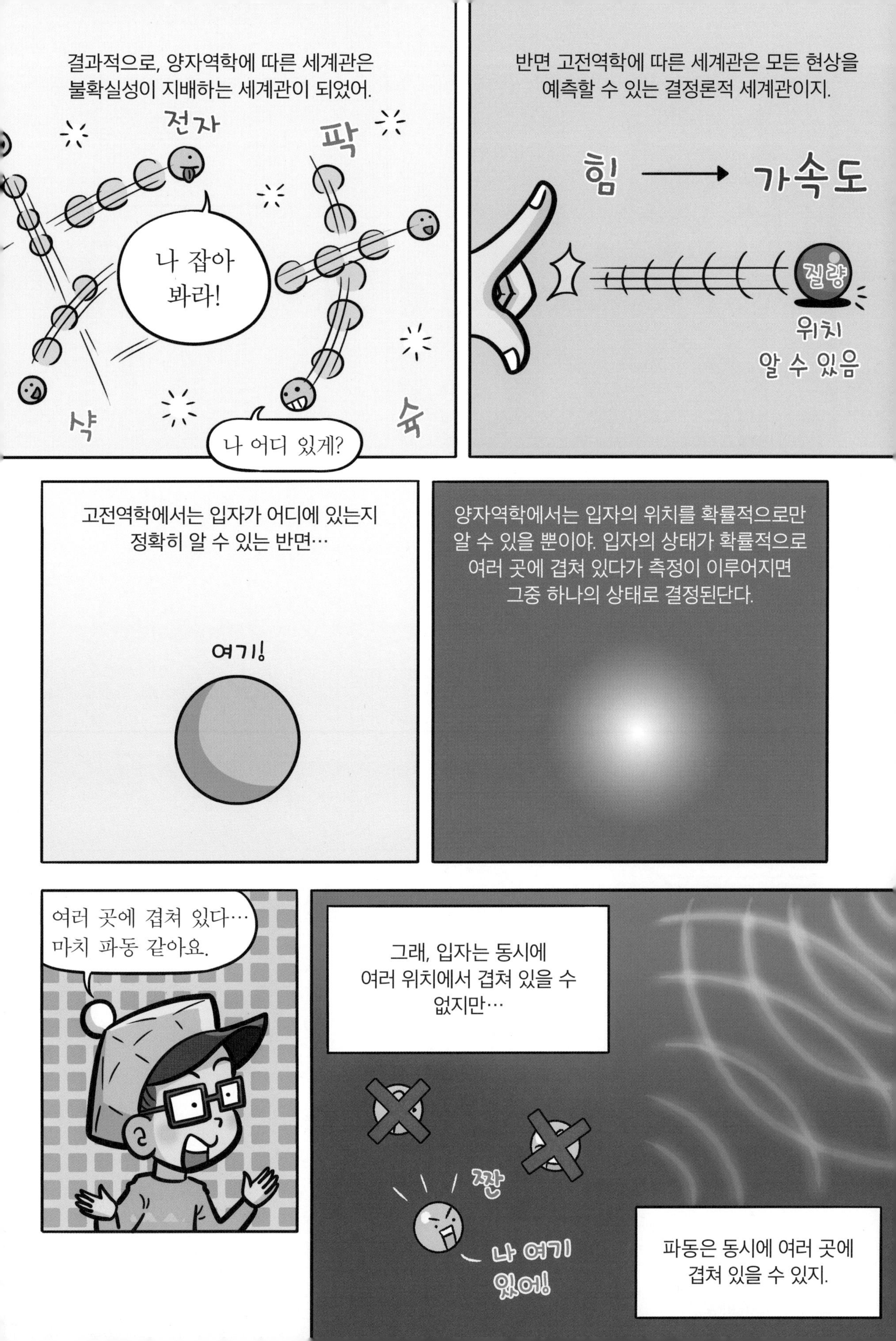

결과적으로, 양자역학에 따른 세계관은 불확실성이 지배하는 세계관이 되었어.
전자
팍
나 잡아 봐라!
샤
숙
나 어디 있게?
반면 고전역학에 따른 세계관은 모든 현상을 예측할 수 있는 결정론적 세계관이지.
힘 → 가속도
질량
위치 알 수 있음
고전역학에서는 입자가 어디에 있는지 정확히 알 수 있는 반면…
여기!
양자역학에서는 입자의 위치를 확률적으로만 알 수 있을 뿐이야. 입자의 상태가 확률적으로 여러 곳에 겹쳐 있다가 측정이 이루어지면 그중 하나의 상태로 결정된단다.
여러 곳에 겹쳐 있다… 마치 파동 같아요.
그래, 입자는 동시에 여러 위치에서 겹쳐 있을 수 없지만…
짠
나 여기 있어!
파동은 동시에 여러 곳에 겹쳐 있을 수 있지.

사람들은 여전히 아인슈타인처럼 기존의 세계관에서 벗어나지 못하고 있어.
사람들이 양자역학의 세계관을 받아들이기 위해서는 시간이 더 필요할 것 같구나.
나는 시간이 필요 없어!
후덜덜
으으! 도저히 못 참겠다!
탁
쭈욱
잠시 후
아, 드디어 마음의 안식을 얻었노라~.
으악!
뭔 똥을 저리 많이!

저건 제가 처리할게요.
슥
감사합니다! 조금 있으면 아이들이 와서 믹스를 데리고 갈 거예요. 그럼 잘 부탁드려요.
퐁
네….
달 달
으….
찾았다!
이거 안 씻고 그냥 주겠어!
둥
믹스! 저 똥 혹시 네 똥이니?
개운한 느낌!
엇, 얼른 숨기자!

3화
4월 1일은 무슨 날~?
떡볶이 3인분 주문 시 순대~
이번 화는 어쩐지 지난 화랑 똑같이 시작하는 것 같은데….
헉! 정말 그렇잖아? 같은 장소에 메뉴도 똑같고, 구도까지….
잠깐! 그럼 이번에도 내가 쏴야 하는 거야?
그런 거예요, 홍 작가님?
난 스포일러는 안 해.
슥
슥
오늘은 내가 쏠게!
오! 작가
감사해
나한테 감사할 필요 없어. 글은 다른 분이 쓰시니까….

잠깐! 겨운이가
쏜다는 건…
곧 지구가
멸망한다는 뜻!
난 아직
11년밖에
못 살았는데!
왜 이렇게 못 믿어?
상 받은 기념으로
한턱낼 거라고!
상?
진짜 지구가
멸망할 건가 봐!
겨운이가 상이라니!
콰아
비웃지 마!
전국 과학 경시대회에서
우승했단 말이야!
…….
네가 언제 그렇게
과학을 잘했냐?
과학 경시대회에서
무슨 짓을 한 거야?

우리 가족은 과학 가족이잖아. 아빠랑 오빠 따라서 열심히 공부한 덕분이지~.
내가 모범을 보였군, 후후!
샤방
지구 멸망 어쩌고 하다가 갑자기 모범이라니… 너무 심한 거 아냐?
너도 아까 맞장구쳤으면서 뭘….
어쨌든 축하해.
고마워.
그런 의미에서 나 어묵 하나 더 먹어도 돼?
그럼~.
웨이러 미닛!
오늘은 네가 산다면서! 왜 허락을 받는 건데?
쿠
악
오늘은 며칠?
4월
월 화 수 목 금 토 일
1 2 3 4 5
8 9 10 11 12
6 7 8 9 10 18 19
6 7 8 9 10 18 19

만우절!
속았지?
너무해요! 만우절에 우릴 속이는 설정이라니!
나 보고 그러지 마. 이 만화 스토리는 글 작가와 편집부가 결정한다고.
앵
시나리오
편집부
너무해!
헉!
뻐럽!
좋아! 우리를 완벽히 속인 상으로 비밀을 하나 알려 주지.
오옷 비밀?
사실 나랑 다운이는 시간 이동을 해서 과거로 갈 수 있어!
시간 이동? 타임머신 같은 걸로?
!
헐 김민서...
그걸 발설하면...
떡볶이...
순대...
튀김...

꺼으꺼으! 시간 이동이라니, 완전 무리수야! 오빠 발 연기 좀 봐!
진짜 놀란 건데…
뚝
뚝
우린 언제든지 과거로 가서 훌륭한 과학자를 만날 수….
까르르
깔
깔
막스, 보른, 보어, 갈릴레오….
까르르라
이젠 대놓고 시간 이동 이야기를 하네.
쫍 쫍
그러게요. 점점 대담해지고 있는데요….
잘됐어. 다운이 가방에 더 강력한 도청 장치를 달아 놓았으니 목표에 한 발짝 더 다가갈 수 있게 됐어.
쩝 쩝
그러게 제가 가방에 붙여 놓자고 했잖아요. 개보다는 나을 거라고….
…….

개똥에서 도청 장치를 찾느라 얼마나 고생했는지 알아요?
윽, 떡 맛 떨어지게…!
오물 오물
어쨌든 이번 도청 장치에는 특수한 기능이 있어!
아이들이 시간 이동을 하는 동안…
주고받은 대화를 녹음해서 다시 들을 수 있지.
오물
그런데… 그게 왜 필요한 거예요?
오물
아이들이 시간 이동 하는 동안 현실에서는 시간이 전혀 흐르지 않잖아!
네…
눈 깜빡할 새 휙 갔다 오죠. 저희가 보면….

하지만 쟤들은 그사이에 과학자들과 긴 대화를 나누고 온다고!
무슨 일이 일어났는지 알기 위해서는 그 대화를 들어야 해!
아, 그래서 녹음을 하는 거군요?
그 대화를 들으면 우리도 과학자들의 생각이나 저 아이들의 상황을 알 수 있겠네요!
그래, 그거야!
슥
그다음에 대화를 분석해서 시간 이동 하는 방법을 알아낸다?
엇!
그, 그래.
반드시 시간 이동을 해서 우리의 목적을 달성해야 해.
?

양자역학의 시작을 막아야 해. 아예 만들어지지 않게….
탄산음료
뻥 시원
맞아요! 우리들만 있으면 돼요. 그깟 양자역학….
뭔 소리야.
냐 냐 냐
먹었더니 더 신났네.
항상 그렇지 뭐.
에렌페스트 교수님 말씀을 생각해 보면, 양자역학이 어느 정도 완성된 것 같은데…
고전역학이 설명할 수 없는 현상들을 이해할 수 있게 해 줬잖아.
…….
양자역학이 실제로 뭘 해결해 준 건지 잘 모르겠어.

또 뜬구름 잡는 이야기를 하네. 그게 우리 삶과 무슨 관계가 있다고…
배부르고 등 따스우면 되지.
끄르럭
으이그, 저 단세포
하여간 시간 이동을 해서 그 부분을 더 알아보고 싶어.
쳇~ 또 그 시간 이동 얘기
시간 이동 하는 거 진짜 보여 줘?
뭐 맘대로~
야 야! 그건 아니지!
ㅋㅋ 볼만 하겠군~
어차피 겨운이는 안 믿을 거야. 오늘 만우절이잖아.
야! 야!
양자역학과 만우절의 결합!

우헤헤헤!
언니 지금
뭐 하는 거야?
앗, 시간 이동이
시작된다!
츠
팟
아!
츠
우
우
믹스, 내가 한 거 아니다.
촤 아 악
찌이
찌이
어라? 도청 장치를
떼어 냈는데 왜 똑같은
냄새가 나지?

1928년 덴마크 코펜하겐 대학교
여기는 전에 와 봤던 코펜하겐 대학교네.
그나저나 이젠 아주 대놓고 하는구나.
어차피 만우절이라 안 믿을 텐데, 뭐.
다운이 가방이 수상한데...
킁킁
뚜벅
뚜벅
순식간이라 눈치채지도 못할 거야.
코펜하겐 대학교 이론 물리학 연구소에 웬 아이들이지?
견학 왔니?
저… 전 정다운이에요!
전 김민서예요! 앤 믹스고요.
킁 킁
전에 보어 교수님을 뵈러 온 적이 있어요.
그렇구나!
너희 같은 아이들이 우리 연구소 소장님을 알고 있다니 놀라운걸? 오늘도 보어 소장님을 뵈러 온 거니?

네, 양자역학이 어떤 문제를
해결해 주었는지
소장님께 여쭤보려고요.
오
그래?
음~, 그런 질문이라면
나 조지 가모프가 직접
설명해 줄 수 있지!
나도 이 연구소에서
일하거든~.
앗!
다운이 가방에
도청 장치가!
내 귀에 달렸던
거랑 똑같잖아!
앗!
내가
떼어 내겠어!
엇!
너희
개가!
그냥 둬.
계속 시간 이동 해서
스트레스가 쌓였을 거야.
에휴….
속닥
속닥
그럼 가모프 박사님도
양자역학을
연구하세요?
그렇단다.

너희들 혹시 원자핵의 구조를 아니?
물론이죠!
원자핵은 양성자와 중성자*로 이루어져 있어요.
그래.

* 1928년에는 아직 중성자가 발견되지 않았지만, 내용을 쉽게 전달하기 위해 중성자를 포함해 설명했다.

원자핵을 이루는 양성자와 중성자를 '핵자'라고 해.
중성자
양성자
원자핵
양성자 중성자 전자 모두 '자'로 끝나네
수소 원자핵은 양성자 한 개로 이루어져 있단다.
그럼 헬륨 원자핵은 무엇으로 구성되어 있을까?
수소 원자핵
음, 수소가 원자 번호 1번이고 헬륨은 2번이니까… 양성자 2개?
헬륨이 원자 번호 2번인 건 맞지만, 답은 틀렸다.
헬륨 원자핵은 양성자 2개와 중성자 2개로 이루어져 있어.
그래서 헬륨은 수소보다 4배 정도 더 무겁지.
수소 원자핵
헬륨 원자핵

리튬 원자핵
?
그럼 원자 번호 3번인 리튬은 양성자 3개와 중성자 3개로 구성되어 있나요?
그런 것도 있고, 그렇지 않은 것도 있어.
그르르
네? 그게 무슨 말이죠?
양성자 수와 중성자 수가 반드시 똑같지는 않다는 이야기야.
자연에서 발견되는 리튬은 주로 양성자 3개, 중성자 4개로 이루어져 있어.
!
리튬
리튬 원자핵
원자는 원자핵과 전자로 이루어져 있고…
원자핵은 양성자와 중성자로 구성되어 있어.
(+) 전하를 띠는 양성자와 (-) 전하를 띠는 전자의 수가 같아서 원자는 전기적으로 중성이야.
헬륨 원자
전자
원자핵
그래서 원자가 변하지 않고 안정적으로 존재하는 거지.

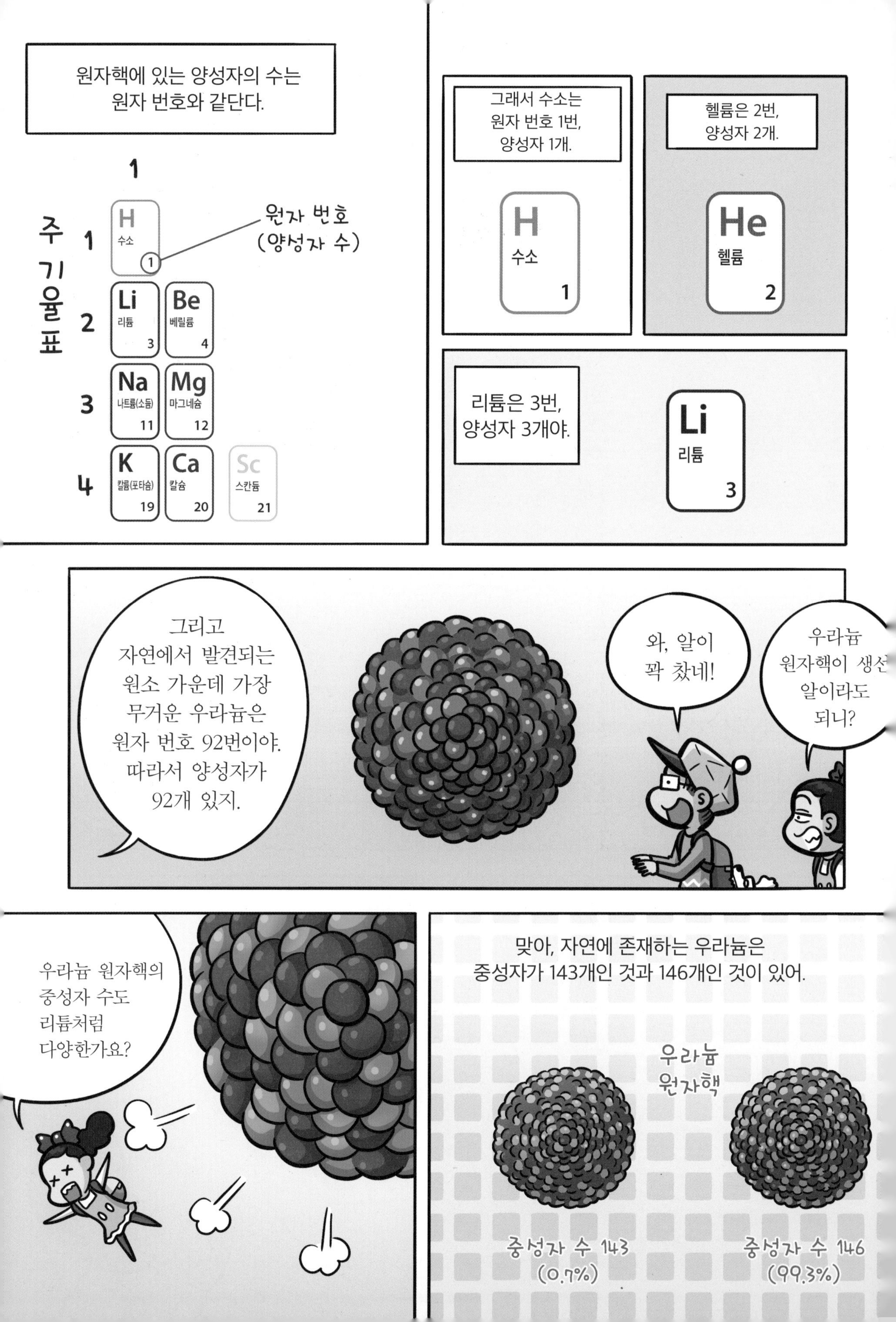

원자핵에 있는 양성자의 수는 원자 번호와 같단다.
1
주기율표
1
2
3
4
H 수소 1
원자 번호 (양성자 수)
Li 리튬 3
Be 베릴륨 4
Na 나트륨(소듐) 11
Mg 마그네슘 12
K 칼륨(포타슘) 19
Ca 칼슘 20
Sc 스칸듐 21
그래서 수소는 원자 번호 1번, 양성자 1개.
H 수소 1
헬륨은 2번, 양성자 2개.
He 헬륨 2
리튬은 3번, 양성자 3개야.
Li 리튬 3
그리고 자연에서 발견되는 원소 가운데 가장 무거운 우라늄은 원자 번호 92번이야. 따라서 양성자가 92개 있지.
와, 알이 꽉 찼네!
우라늄 원자핵이 생선 알이라도 되니?
우라늄 원자핵의 중성자 수도 리튬처럼 다양한가요?
맞아, 자연에 존재하는 우라늄은 중성자가 143개인 것과 146개인 것이 있어.
우라늄 원자핵
중성자 수 143 (0.7%)
중성자 수 146 (99.3%)

초등학생을 위한 양자역학 ④

과학자 캐릭터 카드

한 장씩 떼어서 사용하세요.

루이 드브로이

31

프랑스의 물리학자(1892~1987)
빛이 입자성과 파동성을 둘 다 가진 것처럼 물질 또한 이중성을 갖고 있다는 가설을 제안했다. 물질의 파장을 '물질파'라고 한다.

점수 2500

32번 보른 카드와 조합 가능

갈릴레오 갈릴레이

33

이탈리아의 물리학자(1564~1642)
물체의 낙하 속력은 무게와 상관없다고 주장하여 고전역학이 자리 잡는 데 큰 영향을 미쳤다. 지동설을 주장했고, 이로 인해 종교 재판을 받았다.

점수 3800

34번 에렌페스트 카드와 조합 가능

파울 에렌페스트

34

오스트리아의 물리학자(1880~1933)
'단열 불변량'과 관련된 양자역학 이론을 제안하여 보어가 새로운 원자 모형을 만드는 데 중요한 단서를 제공했다.

점수 2900

33번 갈릴레오 카드와 조합 가능

막스 보른

32

독일의 물리학자(1882~1970)
파동 방정식을 푼 결과를 확률로 해석해야 한다고 주장하여 '코펜하겐 해석'이 만들어지는 데 큰 영향을 미쳤다.

점수 3100

31번 드브로이 카드와 조합 가능

조지 가모프

35

러시아의 물리학자(1904~1968)
어떤 원소가 알파 입자를 내보내면서 다른 원소로 바뀌는 현상을 '알파 붕괴'라고 하는데, 이 현상을 '양자 터널 효과'로 설명했다.

점수 3300

38번 텔러 카드와 조합 가능

KC마크는 이 제품이 공통안전기준에 적합하였음을 의미합니다.
어린이제품 안전특별법에 의한 기타표시사항
제품명 과학자 캐릭터 카드 | 제조자명 (주)북하우스 퍼블리셔스 | 전화번호 02-3144-3123
주소 04043 서울시 마포구 양화로 12길 16-9(서교동 북앤빌딩) | 제조년월 2024년 6월 1일 | 사용 연령 11세 이상

초등학생을 위한
양자역학

초등학생을 위한
양자역학

초등학생을 위한
양자역학

초등학생을 위한
양자역학

초등학생을 위한
양자역학

과학자 캐릭터 카드

게임 방법은
책 215 쪽을
참고하세요.

리제 마이트너

36

오스트리아의 물리학자(1878~1968)
우라늄의 핵분열 현상을 이론적으로 해석했다. 그 해석을 바탕으로, 핵분열이 일어나면서 엄청난 양의 에너지가 발생할 것이라고 예측했다.

점수	
4500	40번 감속재 카드와 조합 가능

해나무

에드워드 텔러

38

헝가리의 물리학자(1908~2003)
제2차 세계대전이 끝난 뒤, 핵분열과 핵융합을 바탕으로 작동하는 수소 폭탄 개발을 주도했다.

점수	
3500	35번 가모프 카드와 조합 가능

해나무

원자 폭탄

39

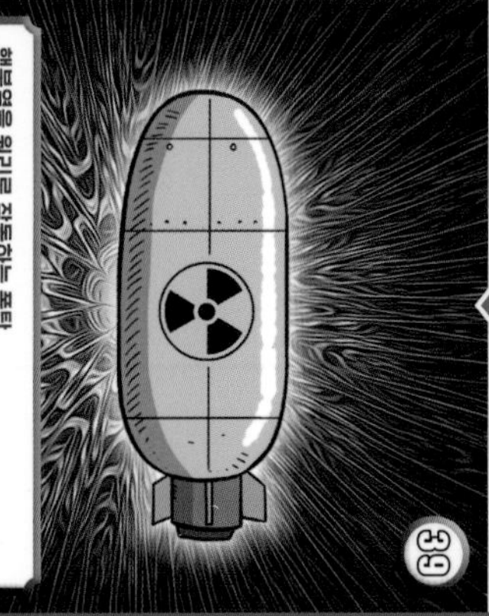

핵분열을 원리로 작동하는 폭탄
제2차 세계대전 중 미국의 맨해튼 프로젝트로 처음 만들어진 핵무기. 핵분열 연쇄 반응에서 나오는 엄청난 양의 에너지를 사용한다.

점수	
1000	37번 오펜하이머 카드와 조합 가능

해나무

로버트 오펜하이머

37

미국의 물리학자(1904~1967)
맨해튼 프로젝트의 개발 책임자. 로스앨러모스 연구소에서 원자 폭탄 제조를 이끌었다.

점수	
4000	39번 원자 폭탄 카드와 조합 가능

해나무

감속재

40

감속재
삑

중성자의 속도를 줄이는 데 사용하는 물질
중성자의 속도를 줄여 핵분열이 더 잘 일어나게 한다. 엔리코 페르미는 흑연을 감속재로 사용해서 원자로를 만들었다.

점수	
800	36번 마이트너 카드와 조합 가능

해나무

KC마크는 이 제품이 공통안전기준에 적합하였음을 의미합니다.
어린이제품 안전특별법에 의한 기타표시사항
제품명 과학자 캐릭터 카드 | 제조자명 (주)북하우스 퍼블리셔스 | 전화번호 02-3144-3123
주소 04043 서울시 마포구 양화로 12길 16-9(서교동 북앤빌딩) | 제조년월 2024년 6월 1일 | 사용 연령 11세 이상

 해나무

초등학생을 위한
양자역학

초등학생을 위한
양자역학

초등학생을 위한
양자역학

초등학생을 위한
양자역학

초등학생을 위한
양자역학

이렇게 중성자 수가 다른 두 원자도 같은 원소인가요?
좋은 질문이야. 양성자 수는 같지만 중성자 수가 다른 원소를 '동위원소'라고 해.
동위원소
우라늄 원자핵
양성자 수 92
중성자 수 143
양성자 수 92
중성자 수 146
아! '방사성 동위원소'라는 말을 들어 봤어요.
그래
결국 원자핵의 질량은 양성자 수와 중성자 수에 의해 결정되는 거야.
양성자 수와 중성자 수를 더한 걸 '질량수'라고 부른단다.
원자핵
질량수
그럼 우라늄의 질량수는…
양성자 수
중성자 수
질량수
92 + 143 = 235
92 + 146 = 238
이렇게 되네요.
그래!
그리고 양성자 수가 달라서 원자 번호는 다르지만 질량수가 같은 원소도 있단다.
아르곤 원자핵
양성자 수 18
칼륨 원자핵
양성자 수 19
질량수
질량수
!
이런 걸 '동중원소'라고 해.

결국 원자핵의 종류는 핵자의 수에 따라 달라지는 거야.
그래서 결국 양자역학이 뭘 해결해 준 건데요?
으르르
하하! 이제부터 이야기할 거야.
세상에 존재하는 원소 중에는 스스로 붕괴해 버리는 것들이 있어.
어? 아까는 중성이라 안정적이라고 하셨잖아요.
과학자들이 연구를 하던 중, 원자핵이 쪼개져서 좀 더 가볍고 안정적인 원소로 변하는 현상을 발견했거든.
으~ 안 되겠다!
뒤뚱 뒤뚱
다이어트 해야겠네?
혹시 이렇게 쪼개졌나요?
헉 괴력
쩍
쿵
사과처럼 쪼개지는 게 아니라 다른 원자핵 2개로 나뉜단다.

예를 들어 원자 번호 88번인 라듐은…
알파 입자를 내보내면서 원자 번호 86번인 라돈이 돼.
알파 입자요?
알파 입자
라듐 질량수 226
양성자 수 88 중성자 수 138
라돈 질량수 222
양성자 수 86 중성자 수 136
알파 입자는 2개의 양성자와 2개의 중성자로 구성돼 있어.
알파 입자
헬륨과 동일한 구성을 갖고 있네요….
그럼 양성자 2개와 중성자 2개가 빠지는 거군요.
He
헬륨
2
맞아, 그래서 원자 번호 88번인 라듐은…
알파 입자가 빠져서
86번 라돈이 되지.
질량수는 226에서…
4가 줄어들어서
222가 된단다.

이 '알파 붕괴' 현상은
고전역학으로는 도저히
설명할 수 없어.
그래서 내가
양자역학으로
설명했지.
이봐, 가모프!
보어 소장님께서
찾으셔!
소장님께서?
무슨 일인데?
아무래도
알파 붕괴
때문인 것 같아.
알았어.
다운아, 민서야! 오늘은 이만
헤어지고 다음에 보자!
이건 알파 붕괴에 관한
논문인데, 한번 읽어 보렴.
네
논문은 가방에
넣어 놓자.
크르르르!
촤아악
아악!
너무 무거워!

음, 돌아왔군!
어디 한번 들어 볼까?
오!
저도 같이 들어요~.
스윽
어엇!
그, 그래… 같이 듣자.
심쿵
그로부터 1시간 후
그르르르
그르르르르
그르르
그르르르르
그릉 그릉
뭐지, 이 개 짖는 소리는?
개판이네요….
그르르
그릉

네, 접니다.
울즈소프!
드디어 시간 이동의
비밀을 알아냈다!
4화
남산 비밀 연구소 대공개!
저는 도청 장치로
개 으르렁거리는
소리만 들었는데
다행입니다!
야옹!
어휴,
일을 제대로
해야지!
아, 네…
죄송합니다.
지금 당장
애플과 아이작을
데려오도록!
냥!

네? 애플과 아이작을요? 어디로 데려가란 말씀이신지?
어디긴 어디야? 남산 비밀 연구소지!
야옹!
쾅
쳇, 비밀 연구소라면서 이름에 남산은 왜 붙인 거람?
끽
가자, 아이작.
냥
그런데 애플은 누구예요?
네 암호명이잖아! 얘는 아이작, 나는 울즈소프!
냥!
아, 맞다. 깜빡했네.
으이그!
그런데 변장 안 하신 모습이 더 멋진데요?
……!
한편
오, 김민서! 이젠 자전거 잘 타는데?
따라올 테면 따라와 봐~.

다음엔 자전거
전국 일주다!
얼씨구!
좋아,
저기 가로등까지
달려서 진 사람이
음료수 사기!
끼익
하나, 둘!
야, 둘에 출발하면
어떻게 해!
하아~.
상쾌해.

아무리 생각해 봐도 이건 아니야! 하나, 둘··· 에서 출발한 건 사기라고!
사기 맞아.
어?
까악
내가 분명히 말했잖아. 진 사람이 음료수 '사기'라고.
끄르럭
뭐 이런 삼류 말장난 같은 사기가 있나! 완전 '사기' 저하!
쪼로록
이거 받고 힘내.
이건 민들레 씨앗이잖아.
응, 국화과에 속한 여러해살이풀이고, 작은 꽃들이 모여 있어서 하나의 꽃처럼 보이지.

난 생물학을 좋아하는데, 너랑 시간 이동 하느라 생물학을 멀리하게 됐어.
불쌍한 생물학
아무 데서나 시간 이동 외치는 게 누군데?
톡
후우
민들레 꽃씨처럼 날고 싶구나.
내 용돈도 날아가는구나.
그래서 민들레를 준 거야. 꽃말이 '감사하는 마음'이거든.
눈물 나게 고맙네요.
자, 받아.
오, 행운의 상징 네잎클로버!

…가 아니라
세잎클로버.
째액
사기 좀 그만 쳐!
사기라니. 행운보다는
행복을 주고 싶어서
그런 거야.
네잎클로버의 꽃말은 '행운'이지만
세잎클로버의 꽃말은 '행복'이지.
저것 봐. 사람들은
네잎클로버를 찾는 동안
세잎클로버를 밟고 있어.
행운을 찾는 동안
행복을 밟고 있다…
오, 뭔가
철학적인데?
내가 한 철학
하거든.
너 자신을 알라

또 한편
혁혁!
여기 근처인 것 같은데….
이 창고 같은 곳이 비밀 연구소예요?
그런 것 같아.
끼익
꾹
위잉
!

엘리베이터에 'N' 자 단추 달랑 하나….
꾹
뉴턴(Newton)의 첫 글자야.
올라갈 땐 어떻게 하나요?
몰라. 내가 아는 건 여기까지야.
뭐예요! 조직의 주요 요원인 것처럼 말하더니!
띵
다 왔다.
외면
드디어 왔군.
위잉
스위스에 있는 우리 조직원이 시간 이동의 비밀을 알아냈다.
어떤 비밀입니까?
야옹!

다운이가 CERN*에
견학을 갔을 때,
같이 갔던 개와 함께
강력한 빛을 쬐었지.
강력한 빛!
우리는 같은 종류의
빛을 방출하는 기계를
만드는 데 성공했다.
쓰담 쓰담
야~옹.
너희들이
시간 이동을
하려면 그 빛을
쬐어야 해.

* 유럽 입자물리 연구소. 세계에서 가장 큰 입자 가속기가 있다.

그… 그러다가
잘못되면….
히익
뭐야! 조직에
충성하는 걸
잊었나?
냥
쾅
아이고,
손이야!
쌤통이다.
팍
조직을 위해서라면
이 한 몸 기꺼이
불사르겠습니다!

자, 그럼 시작해 볼까?
!
슥
딱
헐, 뉴턴같이 생긴 조직원이네.
이리로.
위잉
오! CERN에 있는 입자 가속기랑 똑같이 생겼잖아?
이 안으로 들어가십시오.
충격이 조금 강할 겁니다. 마음의 준비를….
헉!
위잉
턱
자, 그럼 시작합니다.

팍
꺄악!
으악!
끄으으~.
으….
털썩
아하하, 실수로
실내등을 켰네요.
다시 하겠습니다.
아하하!
그… 그렇군요!
저희도 연습 한번
해 봤습니다,
하하!
뻘쭘
벌떡
자, 이제
진짜 갑니다.
웅 웅 웅 웅
!
파앙

그러고 보니 지난번에 가모프 박사님이 논문을 주셨잖아.
그랬지.
그게 혹시 보어 교수님의 초대장과 비슷하진 않을까?
아직 내 가방에 들어 있어.
오호, 한번 같이 잡아 볼까?
엇
심쿵
야 야, 지금은 안 돼.
오호~.
가모프와 논문의 결합!
아~, 진짜아아!

1928년 덴마크
코펜하겐 대학교
역시!
또 코펜하겐
대학교야!
조지 가모프 연구실
G. Gamow
진짜 가모프
박사님 연구실로
오다니….
벌떡
어라, 믹스! 오늘따라
왜 이리 살갑게 구니?
가방 없네?
도청 장치는
몸에
부착했나?
킁킁
킁킁
역시
내 생각이
맞았어!
어? 너희들
왔구나.
끼익
지난번에
이어서 얘기
들으러 왔니?
아, 네.
안녕하세요.
으이그, 답답해!
개 통역사
없나?
점점
시간 이동에
익숙해지고
있어!
어디 보자.
원자핵 구조와
알파 붕괴까지
얘기했지?
네!

알파 붕괴는 고전역학으로는 설명할 수 없다고 하셨어요.
뭐 하는 짓이야!
쿵쿵
다운이와 민서에게는 없는 것 같군.
그래 맞다
믹스 재 이상해졌어.
원자핵을 구성하는 양성자와 중성자는 아주 강력한 힘으로 묶여 있어.
그게 '강력'이라고 들었는데...
제법인데?
고전역학에 따르면, 어떤 입자가 가진 운동 에너지보다…
속력
질량
운동 에너지 = 1/2 × 질량 × 속력²
더 큰 에너지 장벽이 있으면 그 입자가 절대 장벽을 지나갈 수 없지.
퍽
에너지 장벽
그런데 원자핵에서 알파 입자가 나왔다는 건…
알파 입자

알파 입자가 강력이 만들어 낸
아주 큰 에너지 장벽을 넘었다는 뜻이야.
강력
알파 입자
자유다!
고전역학으로는 설명할 수 없는 현상이군요.
그렇지.
하지만 양자역학으로는 가능해. 입자가 가진 파동성을 고려해 보면 된단다.
빛이 유리에 부딪히면 일부는 반사하고 일부는 통과하는 것과 비슷해.
이렇게 알파 입자가 자신의 에너지보다 더 큰 에너지의 장벽을 뚫고 나오는 것을 '양자 터널 효과'라고 해.
에너지 장벽
이때 얼마나 많은 알파 입자가 장벽을 뚫고 나오는지는 확률적으로 결정된단다.

양자 터널
퐁
마치 터널을 지나가듯이 알파 입자가 에너지 장벽을 뚫고 나간다는 뜻이군요.
그래.
아황황!
믹스!
도청 장치 도청 장치
킁킁
너희 개가 심심한가 보구나. 간식을 좀 줄 테니 먹고 있으렴.
간식!
으이그 민폐다 민폐!
그리스 문자에서 알파 다음은 뭐지?
β
γ
베타!
감마!
그래, 원자핵 붕괴에는 알파 붕괴 말고도 베타 붕괴와 감마 붕괴가 있어.
베타 붕괴가 일어나면 중성자가 전자를 방출하면서 양성자로 바뀐단다. 결국 이 원자는 더 안정한 원소가 되지. 약력이 작용해서 일어나는 현상이야.
뒤뚱 뒤뚱
중성자
양성자

약력은 입자들 사이에서 작용하는 기본 힘 중 하나야. 강력보다 세기가 약하지.
이 현상도 고전역학으로는 설명할 수 없나 보군요.
맞아. 그리고 감마 붕괴는 무겁고 불안정한 원자핵이 더 안정한 상태로 바뀌면서
아~ 개운해~
감마선
감마선을 내놓는 현상이야.
그럼 알파, 베타, 감마 붕괴 모두 어떤 입자가 에너지 장벽을 뚫고 나오기 때문에 일어나는 현상인가요?
에너지 장벽
그건 아니야. 알파 붕괴만 그래.
두 개 이상의 원자핵이 결합해서 새로운 원자핵이 만들어지는 걸 핵융합이라고 하는데…
이것도 양자 터널 효과로 설명할 수 있어.
핵융합은 태양에서 일어나는 반응.
태양의 핵융합 반응은 수소 원자핵이 융합해서 헬륨 원자핵이 만들어지는 과정이지.
H
헬륨

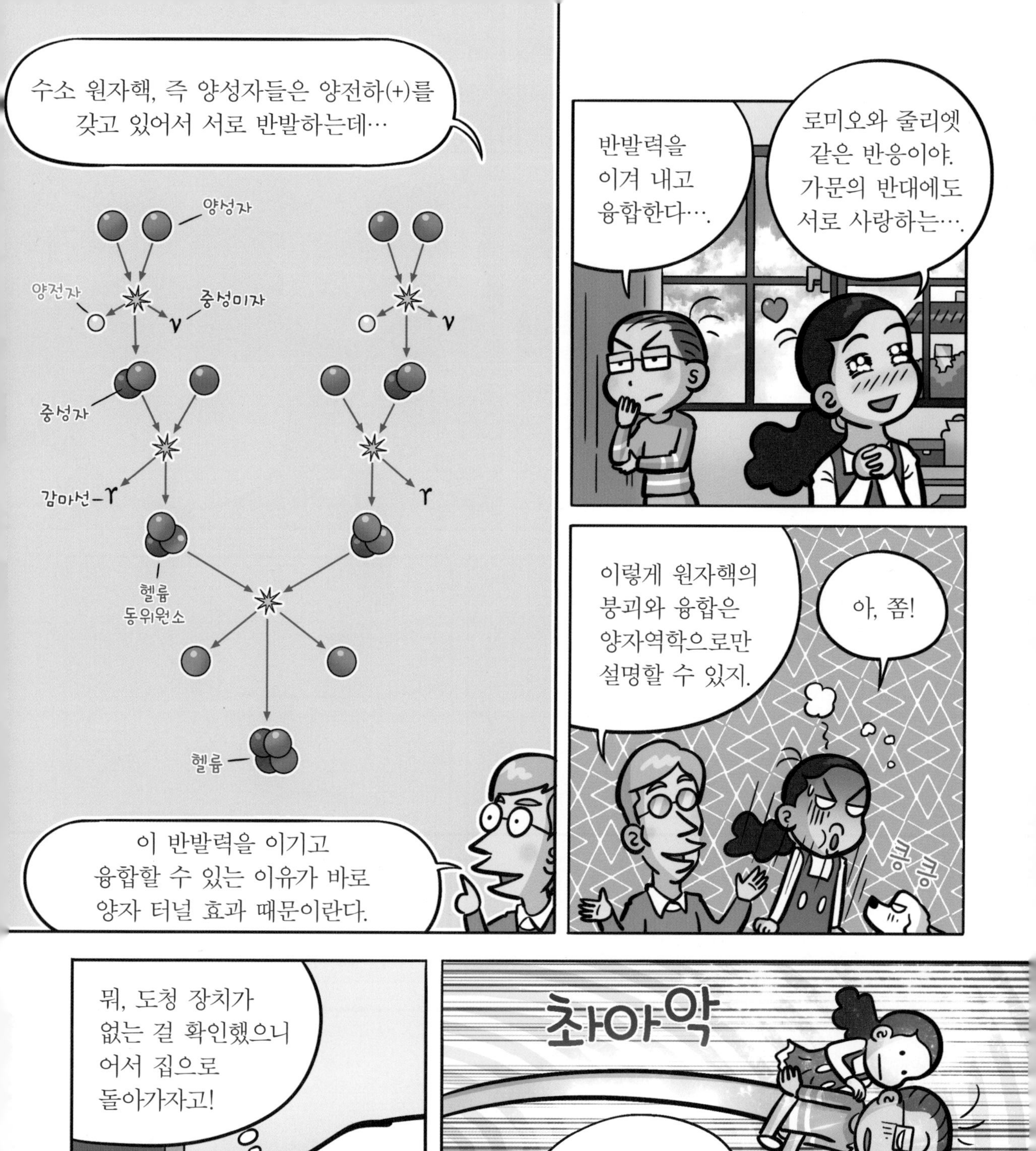
수소 원자핵, 즉 양성자들은 양전하(+)를 갖고 있어서 서로 반발하는데…
양성자
양전자
중성미자
중성자
감마선
헬륨 동위원소
헬륨
이 반발력을 이기고 융합할 수 있는 이유가 바로 양자 터널 효과 때문이란다.
반발력을 이겨 내고 융합한다….
로미오와 줄리엣 같은 반응이야. 가문의 반대에도 서로 사랑하는….
이렇게 원자핵의 붕괴와 융합은 양자역학으로만 설명할 수 있지.
아, 쫌!
쿵쿵
뭐, 도청 장치가 없는 걸 확인했으니 어서 집으로 돌아가자고!
종잇 조각
슥
촤아악
이제 믹스도 시간 이동에 익숙해졌나 봐.
…….

여긴 어디지? 과거로 온 건가….
모두들 괜찮나?
지금 몇 년이죠? 1920년? 30년?
화면에서도 손만 나오네.
우선 빛을 쬐어야 시간 이동을 할 수 있는 능력이 생기는 거야.
빛만 쬔다고 되는 게 아니었구나.
대실망
…….
급화색
잠깐! 다운이와 민서가 시간 이동 하기 전에 뭐라고 외쳤는데?
…….
아, 알았다. 빛을 쬔 후 그 말을 외쳐야 과거로 가는 거구나.
그걸 이제 안 거냐. 그동안 나랑 뭐 한 거니….

으!
저런 걸
요원이라고
쓰고 있었으니!
쾅
10분 후
그러니 지금 한번
해 보란 말이다.
뭐라고
외치지?
뭐긴 뭐예요.
당연히…
울즈소프와
애플, 합체!
이얍!
와락
윽… 앞으로도
계속 이렇게
해야 하나…?

5화
악당도 시간 이동 성공?
할아버지, 걱정 마세요. 여기 잡초는 제가 다 뽑아 드릴게요!
기특한 내 손주들!
좍
얏!
앗! 그건 감자야. 잡초가 아니고!
그럼 이건가?
좍
그것도 감자야!
좍
아, 그럼 이거군요!
그것도 감자!
감자 농사를 돕는 듯 망치고 있어!

한 시간 후
어쨌든 수고했다. 좀 쉬다 하자꾸나.
넌 잡초랑 감자도 구별 못 해?
퀭~
헤
지난해에 감자를 캘 때
할아버지가 냈던 퀴즈 기억하니?
표정들을 보니 기억이 안 나는 것 같구나.
멍
토마토와 감자는 모두 가짓과에 속하는 작물이라고….
우리는 모두 가족이야~.
하하
하하
역시 우리 며느리야~.
그럼 오늘 두 번째 퀴즈를 내겠다!
헐, 1년 만에 두 번째 퀴즈라니!
땅속에서는 감자가 열리고 줄기에는 토마토가 열리는 식물은 뭘까요?

미친 식물!
짬뽕초?
일석이초!
혹시 토감?
'토마토+감자'니까?
크하하!
토감이래~!
엄마는 너무
단순하게
생각한 거 아냐?
딩동댕~.
토감, 정답!
yeah~
......
포메이토나 포마토라고도
한단다.
허탈해
어떻게 감자와 토마토가
둘 다 열릴 수 있죠?
빛도 입자와
파동의 성질을
둘 다 가지고
있는데
뭘 그리
놀라?
그건 바로
세포 융합 기술 덕분이야.
세포 원!
세포 투!
크로스!

핵융합은 들어 봤는데 세포 융합은 처음 들어요.
민서가 없어서 다행이야. 궁금하면 바로 시간 이동을 했을 텐데.
핵융합을 알다니 역시 우리 손주구나.
이게 다 시간 이동 덕분에….
또, 또 시작이다! 그놈의 시간 이동!
그러게
…가 아니라 시간을 들여 공부했다고!
토감은 토마토와 감자의 세포를 하나로 합쳐서 만든 거란다.
그럼 토마토와 감자의 유전자를 모두 가진!
하하~!
나는 토감맨!
무슨 생각해?
아냐, 아무것도
토감은 왠지 나와 닮았어. 공부도 잘하고 운동도 잘하는 나처럼 모든 걸 가졌잖아.
어처구니없는 비유!

한편
아….
여긴 어디…?
벌떡
또 같은 장소네. 하아…
뭐해? 또 실패야. 얼른 내려!
5분만 더요
이런…! 대체 왜 시간 이동이 안 되는 거지?
야옹!
그걸 제게 물어보시면 제가 어떻게 압니까?
다운이와 민서랑 똑같이 한 것 같은데… '합체'나 '결합'이라고 외치면서….
혹시 좀 더 꼭 끌어안아야 하는 거 아닐까요 요렇~게.
꽈악

아무튼
될 때까지 해 봐!
네.
계속 안 됐으면
좋겠다.
야옹!
냥!
턱
양자와
역학의
결합!
조직과 보스의 결합!
결합!
결
혼!
야
치
이
이
와,
정말 맛있다!
나도!
나도!
역시
삼겹살이
진리!
크크….

여기서
세 번째 퀴~즈!
내년에
안 내시고요?
쩝 쩝
아니 또 퀴즈유?
퀴즈 못 내서
한 맺힌 적이 있나?
재밌잖아
혹시 이번 퀴즈가
상추에 대한 건 아니겠…
컥!
컥
상추
맞아.
헉
더 줘
지금 우리가 먹고 있는 상추는
식물 분류학적으로 어느 것과
같은 부류일까~요?
보기!
켁켁
혼자만
먹으니까
그렇지!
1번 배추
2번 시금치
3번 민들레
4번 미나리

정다운, 1번 배추!
땡!
아~, 아깝다!
정겨운, 2번 시금치!
땡!
아버님, 3번 민들레 아닐까요?
딩동댕! 역시 우리 며느리구나!
엥?
민들레 라고요?
꽃을 비교해 보면 쉽게 알 수 있지!
와, 모양이 정말 비슷하네요!
상추
민들레

여러분
'퀀텀 점프'라는 말
들어 보셨나요?
Quantum Jump!
갑자기 웬
퀀텀 점프?
퀀텀은 '양자'라는
뜻인데…
그러게
말이다.
퀀텀 점프는 산업이
급성장한다는 뜻입니다.
반도체 강국 대한민국이 다시 한번
퀀텀 점프를 눈앞에 두고 있습니다.
할아버지, 퀀텀 점프는
양자역학과 무슨 관련이
있나요?
더 줘!
쩝 쩝
독일의 물리학자
막스 플랑크가
양자 가설을 제안한 이후에
양자역학이 만들어지면서
나온 용어란다.
'양자 도약'이라고도
부르지.
Max Planck

반도체 업계에 따르면 OO전자는 약 6조 원을 투입해 생산 라인을 완공하기로 했습니다.
이로써 해외 경쟁사들과의 격차가 크게 벌어질 것으로 예상됩니다.
그야말로 퀀텀 점프라 할 수 있습니다.
우리나라 반도체 기술은 역시 뛰어나.
물리학 용어가 경제학 용어로도 쓰이네요. 플랑크가 들으면 기뻐하겠는데요?
막스 플랑크를 만나서 얘기 좀 해 봐야겠어요.
뭐? 만난다고?
아차!
아… 아네요. 농담이에요!

다음 날 하굣길
우리가 뭔가를 놓치고 있는 게 분명해.
오늘 꼭 알아내자.
네!
야옹~.
그게 뭐야?
시골에 갔다가 할아버지께 받은 연구 노트야. 시간 날 때 보라고 하시더라고.
혹시 막스 플랑크가 누군지 알아?
양자 가설을 제안한 과학자잖아.
"…그걸 어떻게?"라는 표정 짓지 마. 나도 시간 이동 꽤 했다고!

아무튼, 어제 뉴스를 보는데 퀀텀 점프라는 말이 나왔어.
띠용
혹시 놀이동산에 퀀텀 점프라는 새 놀이 기구가 나왔나?
그게 아니고 양자 도약이라는 건데, 뭔가가 빠르게 성장한다는 뜻의 경제 용어래.
성장?
엥, 과학 용어가 왜 경제 용어로 쓰이는 거야?
그건 나도 잘 몰라.
모르면 배우면 되지!
양자와 도약의 결합!
팍
야, 너 진짜! 아윽~!
지금 이동한다!
!
냥?
자, 우리도 따라해 봐요!
양자와 도약의 결합!
팍
냥!

내가 너무 세게 올라탔나?
1913년 독일 막스 플랑크 교수 연구실
안녕하세요, 플랑크 교수님.
어, 너희들은 누구니?
날 아니?
네, 예전에 교수님을 두 번 만난 적이 있어요.
두 번씩이나? 그런데 난 전혀 기억이 나질 않네…
?
?
내가 요즘 정신이 없어서 그런가 봐. 미안하구나.
괜찮아요!
시간이 정지된 상태로 이동해서 그런가 봐
그런데 왜 다시 찾아온 거니?
아…
궁금한
있어서요
장치
쿵쿵

예전에 왔을 때, 물체에 열을 가하면 온도가 올라가면서 물체의 색깔이 변한다고 말씀하셨어요.
그랬구나.
그래, 색깔이 변한다는 건 그 물체가 방출하는 빛이 달라진다는 뜻이지.
붉은색
검은색
붉은색
빨간색에서 노란색, 그다음 푸른색에서 하얀색으로 변해요!
꼬마 아이들인데 이런 걸 알다니!
뭘요, 21세기에 이 정도쯤은….
꼬집
뭐? 21세기?
킁킁
아뇨, 저희 동네가 21번지라는 뜻이에요. 혹시 양자역학의 개념이 일상에서도 자연스럽게 사용될 날이 올까요?
예를 들어 뉴스에서 경제 용어로 퀀텀 점프라는 물리학 용어를 사용한다든지….

그런 일이 생긴다면 물리학자로서 정말 행복할 것 같구나.
오늘은 좀 신중해야지. 저번처럼 물고 늘어지면 욕만 먹을 테니….
그런데 퀀텀 점프라는 말은 어떻게 만들어진 거예요?
나는 에너지를 흡수한 물체에서 방출되는 빛 에너지가 불연속적이라고 생각했어.
빛 에너지
빛 에너지
물론 그때까지 에너지는 연속적인 양이라고 알려져 있었단다.
에너지가 연속적이지 않고 불연속적이라, 셀 수 있는 덩어리로 이루어져 있다는 뜻에서 '양자'라는 말을 쓰는 거야.
量 헤아릴 '양'
영어로는 퀀텀!
quantum
그래.

그럼
양자 도약에서
'도약'은 뭔가요?
놀이 기구
아니라니까!
전등을 켜면
팍
바로 그 순간
빛이 들어오긴
하지만…
딸깍
사실 연속적인
흐름을 따라
에너지가
전달되는 거란다.
얼핏 보면
불연속적이지만
사실은
연속적이군요!
그런데 원자 세계에서는 에너지가
덩어리째로 띄엄띄엄 이동해.
원자 속에 있는 전자는 에너지가
가장 낮은 '바닥 상태'에 있다가…
원자핵
꺄울!
…….
전자
에너지를 얻으면 '들뜬 상태'로
도약하게 돼.

빛 에너지 세기
연속
시간
불을 켜는 시점
전등의 빛 에너지
원자 에너지 세기
불연속
시간
양자 도약 시점
원자의 에너지
그래서 양자 도약이라고 했군요!
그렇단다.
그런데 전자가 에너지를 얻는다고 언제나 도약하는 건 아니야.
도약하기에 충분한 에너지가 주어졌을 때에만
팍
……
단숨에 들뜬 상태로 뛰어오르지.
그래서 뉴스에서 경제가 급성장하는 걸 양자 도약이라고 했구나.
여러분 '퀀텀 점프'라는 말 들어 보셨나요?
Quantum Jump!
그러고 보니 퀀텀 점프가 경제 뉴스와도 잘 어울리는구나.

한편
봄과 꽃의 결합, 물과 불의 결합, 산소+수소, 된장+고추장….
이제 그만해. 오늘은 틀린 것 같다.
자, 일어나.
끙차
에고, 입자와 파동의 결합…?
뭐야?
뭐죠? 왜죠? 왜 된 거죠? 이유가 뭐죠?
우왓, 됐어!
좌악
그런데…
두둥
우리가 아이의 모습이 됐잖아!

너희들은 또 누구니?
악! 다, 당신이야말로 누구…?
?
?
?
그… 그러니까 저희들이 누구냐면… 그러니까 그게…
으르릉
냥
방을…
슬금 슬금
잘못 찾아왔나 봐요!
쾅
탁
뭐지?
익숙한 냄새였어.
톡
뭔가 기분 나빠. 돌아가야겠어.
그 애들 어디서 본 것 같지 않아?
촤 악~
글쎄…?

헉
헉
헉
겨우 시간 이동을 했는데 아이의 모습이라니….
꼬로록~.
콱
뭐야, 이런 상황에 배가 고프냐?
긴장을 많이 하니까 에너지가 많이 소모된 거죠~.
그런데요….
그런데 뭐!
돌아가는 방법을 모르고 왔잖아요.
어떻게 돌아가죠?
쿵
…….

고전역학이냐 양자역학이냐, 그것이 문제로다!

양자역학은 고전역학이 해결하지 못하는 문제를 풀어 주었습니다.
고전역학으로 충분히 설명할 수 있는 현상에는 "고전역학"에,
양자역학으로만 설명할 수 있는 현상에는 "양자역학"에 동그라미를 그려 보세요!

❶ 어떤 물리량은 불연속적인 값만 가진다.

고전역학 **양자역학**

❷ 달리는 버스가 갑자기 멈추면 승객들이 앞으로 쏠린다.

악

고전역학 **양자역학**

고전역학으로
해결하지 못하는
문제라…

❸ 어떤 원소의 원자핵은 알파 입자를
내보내면서 더 가볍고 안정적인 원소로
바뀐다.

고전역학 양자역학

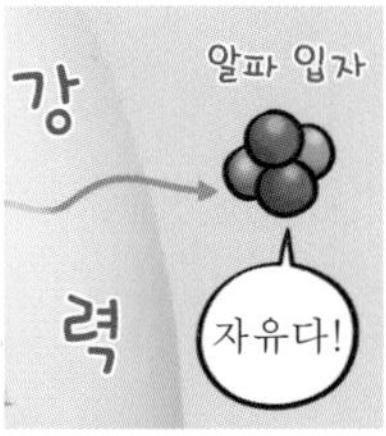
강
력
알파 입자
자유다!

❹ 태양 속에 있는 수소 원자핵들은
서로 핵융합해서 헬륨 원자핵으로 변한다.

고전역학 양자역학

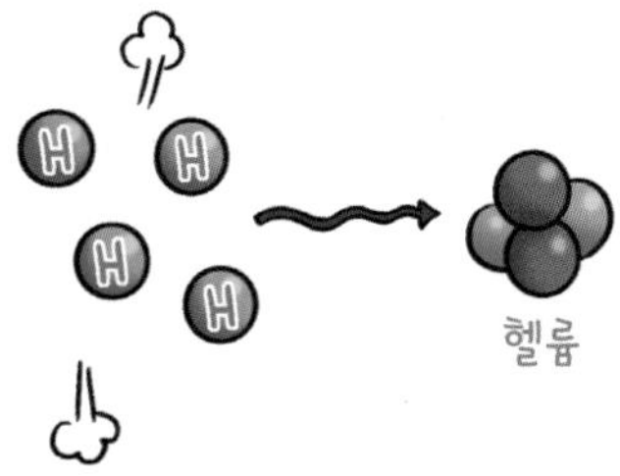
H
H
H
H
헬륨

❺ 원자 속에 있는 전자는 충분한 에너지가
주어졌을 때 양자 도약을 한다.

고전역학 양자역학

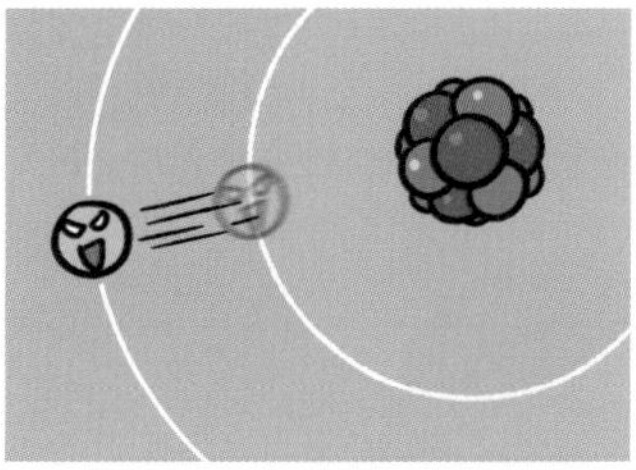

❻ 진공 상태에서 같은 높이의 두 물체를
동시에 떨어뜨리면 무게와 상관없이
동시에 떨어진다.

고전역학 양자역학

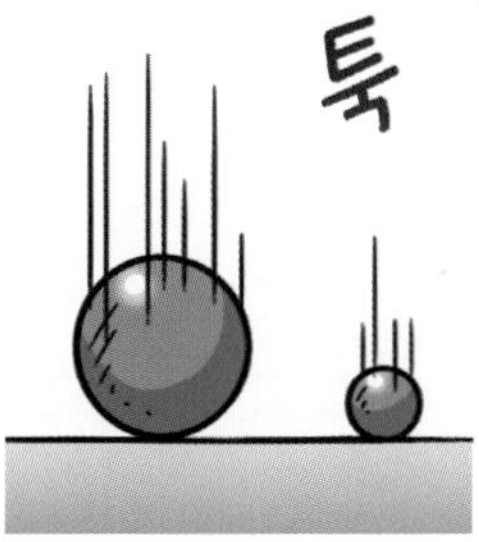
툭

양자역학이 있어서 얼마나 다행인지 몰라.

정답은 214쪽

6화 핵분열의 발견

우리 조직, 뭔가 많이 허술해요.
얼떨결에 시간 이동을 하긴 했는데… 어떻게 돌아가야 하지?
냥
나, 다시 돌아갈래!
냥
아이들이 돌아가는 걸 잘 봤어야 했는데….
아까는 너무 당황해서 어쩔 수 없었잖아요.
그렇긴 해
아까 우리가 시간 이동 할 때 취했던 자세를 다시 시도해… 볼까요?
아니, 그런 민망한 자세를 여기서 또…?
이것저것 따질 땐가?

혹시 알아요? 돌아갈 때도 같은 방법이 통할지?
벌떡
좋아! 그럼… 안겨!
심쿵
윽!
갸웅!
착
입자와 파동의 결합!
뭐야
……
쑥덕쑥덕
봐, 아니잖아!
그럼 우리 여기서 영원히 살아야 하나요?
팍
냥
휴, 어쩌지?
혹시… 올 때와 반대 자세로 해 보는 건 어때요?

바… 반대로?
불끈
지푸라기라도 잡아 봐야죠. 멍하니 있으면 뭐가 되나요?
냥
애플이 울즈소프 들기!
끙~
안 되는데….
비보이처럼 거꾸로 해 보기!
냥!
입자와 파동의 결합! Yeah~.
안 돼!
말 거꾸로 해 보기!
합결 의… 동파… 와 자… 입?
안 돼!
…….
다 안 되잖아!
팔랑
샥

!
좌르륵
슥
오오!
주욱
우오오!
됐다! 됐어!
츄아악
현재에 와서도
이 자세….
넘
좋아요~.
냐~
어쨌든
해냈어!
팟
퍽

그… 그런데 어떻게 돌아온 거죠…?
과거의 물건을 만지면 시간 이동이 끝나나 봐!
그렇군요! 시간 이동의 비밀을 이제 완전히 알아냈군요!
후후, 그래!
이제 아이들이 시간 이동 할 때마다 우리도 따라가면 되겠네요!
후후
냥~
후후후
물론이지. 그래야 양자역학 연구를 방해할 수 있으니까….
후
후후후
후 후 후 후
후 후×100
그런데 우리는 시간 이동 하면 왜 어려지는 걸까요?
난 그대로인데~
이유는 잘 모르겠지만 덕분에 아이들이 우리를 알아보지 못하니 잘됐지
그렇네요
후후후 ×100

며칠 후, 전쟁 기념관
와, 비행기 좀 봐!
무기도 있어!
자, 여기서 질문! 인류는 20세기에 두 번의 큰 전쟁을 겪었습니다. 어떤 전쟁일까요?
제1차, 제2차 세계대전요!
네, 맞아요!
제1차 세계대전은 1914년부터 1918년까지 유럽을 중심으로 일어난 전쟁입니다.

제2차 세계대전은 1939년부터 1945년까지 일어났고, 인류 역사상 가장 큰 전쟁이었어요.
제3차 세계대전이 일어나면, 그 후에는 돌과 막대기로 싸울 거래요. 그게 무슨 뜻이에요?
아, 그건 아인슈타인이 한 말이에요.
제3차 세계대전은 분명 핵전쟁이 될 텐데…
쿠우우
그러면 인류가 전멸해서 세상이 다시 원시 시대로 돌아갈 거예요.
아마도 남은 무기라고는 돌과 막대기뿐일 겁니다. 결국 전쟁이 일어나선 안 된다는 말이죠.
아야

제2차 세계대전은 수많은 인명과 재산 피해를 남겼습니다.
쿠우우
원자 폭탄도 이 전쟁 중에 개발됐죠.
원자 폭탄의 원리는 양자역학과 관련이 있다고 들었어요.
맞아요, 양자역학은 그렇게 인류에게 재앙을 가져왔죠.
그래도 양자역학 덕분에 좋은 일도 많이 생겼잖아요.
익!
무슨 소리! 그런 위험한 이론 덕분이라니! 양자역학 때문에 얼마나 많은 사람들이 피해를 입었는지 압니까?
무서워...
아, 맞다. 선생님은 양자역학을 싫어하시지.
앗, 내가 너무 흥분을…!

원자 폭탄의 원리는 핵분열이라고 하던데, 핵융합 폭탄도 있을까?
그러게… 나도 궁금해.
시간 이동? 혹시 지금 여기서?
핵분열에 대해 더 자세히 알아보러 가 볼까?
그럼 집에 가는 길에?
좋아!
우리도 준비해야겠군!
방과 후
정신 똑바로 차리고 지켜보자!
네!

검색해 보니까 핵분열로 유명한 여성 과학자가 있더라고. 이름이….
?
?
!
톡 톡
혹시 리제 마이트너?
그래, 리제 마이트너! 그분을 만나고 싶어!
이번엔 준비됐음!
척
팍
우라늄과 중성자, 합체!
좋아, 우리도…!
퍽
우라늄과 중성자, 합체!
헉!
꺄웅!

차아악
1939년 1월, 스웨덴 노벨 연구소
연구실이 너무 열악한걸?
설마 여기가 마이트너 교수님의 연구실…?
그 고양이 녀석은 안 왔나?
응? 내가 마이트너 맞는데, 너희들은 누구니?
저는 다운이예요.
저는 민서, 얘는 믹스예요.
그래, 만나서 반갑다.

저… 지금이
몇 년도인가요?
1939년이란다.
실은 이곳을 여행하다가
핵분열에 대해
질문하려고 교수님을
찾아왔어요.
기특하구나.
그런데 연구실이
좀 허름하네요.
무슨 소리야.
실례잖아!
윽!
여자로서 과학
연구를 하는 것이
아직은 만만치
않구나.
너무해요!
여자라서 노벨상도
못 받으시는 거
아니에요?
글쎄, 나는 내가 할 수
있는 일을 할 뿐이란다.
다운이와 민서가
이곳에 있군!
Lise Meitner

편지를 읽고 계셨나 봐요.
!
아, 며칠 전에 내 독일 친구 오토 한이 보내 준 편지야.
오토 한과 그의 제자 프리츠 슈트라스만이 함께 방사성* 물질을 연구하다가…
이상한 현상을 발견했다고 하는구나.
?
고양이 아니고?
이상한 현상이라고요?

* 어떤 원소가 알파 입자 같은 '방사선'을 내놓으면서 다른 원소로 변하는 성질을 뜻한다.

너희들, 우라늄 아니?
92번
우라늄
그래, 맞다!
그럼요! 원자 번호 92번이고, 자연에 존재하는 원소들 중에서 가장 무거운 원소예요!
1932년, 영국의 물리학자 채드윅이 중성자를 발견했어.

냥!
엇, 이 냄새는?
중성자라면… 양성자와 함께 원자핵을 구성하는 입자죠?
양성자와 무게가 비슷하지만 전기적으로는 중성인….
!
다운아! 문밖에서 익숙한 냄새가 나!
툭 툭
오! 대단하구나. 그래, 중성자는 전기적으로 중성이어서
방해받지 않고 원자핵에 다가갈 수 있지!
Hi
퐁
이런…! 대화에 열중하느라
내 말을 개무시!
그래서 원자핵을 연구할 때 주로 중성자를 쓴다고 들었어요.
STAR 중성자
내가 좀 인기가 많지
그래, 한과 슈트라스만은 우라늄 원자핵에 중성자를 충돌시키면
더 무거운 원소로 변할 거라고 생각했어.
아얏
다이어트 해야겠네~
우라늄 원자핵

실제로는 무슨 일이 일어났나요?
우라늄 원자핵이 둘로 쪼개져 버렸지!
쪼개졌다고요? 더 작은 원소들로 분리됐다는 말씀인가요?
고양이! 고양이!
더 큰 원소를 기대했을 텐데 실망이 컸겠네요.
아니, 더 흥미진진한 현상을 발견한 거란다.
그럼 쪼개져 나온 원소는 새로운 원소였나요?
냥이 냥이 고냥이!
그건 아니야. 이미 자연에 존재하던 바륨과 크립톤이라는 원소였어.
저속 중성자
우라늄-235*
바륨
열 에너지
크립톤
고속 중성자

* 질량수가 235인 우라늄을 의미한다.

쪼개진다…
정말 신기한 현상이에요.
한과 슈트라스만은 실험을 어떻게 해석해야 할지 모르겠다며 내게 편지를 보내 해석을 부탁한 거란다.
음~
저희의 실험 만으로는 역부족입니다!
그래서 어떻게 됐나요?
내 조카 오토 프리슈와 함께 연구한 끝에…
크리스마스 휴가 때 함께 연구했죠.
원자핵이 쪼개지는 현상을 이론적으로 설명하는 데 성공했어.
쪼개
진다
큰 물방울이 충격을 받으면 작은 물방울들로 분열하는 것처럼, 우라늄도 중성자에 의해 다른 원소들로 분열한 거란다.
바륨
크립톤

마치 세포핵이 둘로 분열하는 것 같아요.
그래서 이런 현상을 '핵분열'이라고 부른 거란다!
아… 그래서 핵분열이라는 말이 생겼구나.
고양이 고양 고양이
어떻게 방해할까?
Lise Meitner
음….
미리미리 대비하지 않고 매번 발등에 불이 떨어져야 시작하다니….
그런데 핵분열 현상을 이론적으로 해석해 보니
엄청난 에너지가 방출된다는 결과가 나왔어.
아인슈타인의 '질량-에너지 등가 원리,' 즉 질량과 에너지가 본질적으로 같다는 원리를 적용한 결과였단다.
$E = mc^2$
오! 익숙한 공식!

핵분열 반응이 일어나면 원자핵의 질량 중 일부가 사라지는데…
중성자
우라늄
에너지 (질량)
다이어트!
이때 사라진 질량이 에너지로 나오게 되지.
그리고 핵분열이 일어나는 도중에 나온 중성자가 또 다른 우라늄에 충돌하면서
중성자
다이어트 준비!
우라늄
핵분열이 연속해서 일어나게 돼.
그나저나 조수에게 중성자 발생 장치를 가져오라고 했는데, 왜 안 오지?
그래, 이거다!
아이고, 늦었다! 마이트너 교수님이 많이 기다리시겠어!
마침 저기 조수가 오는군!
슥

아저씨, 혹시 마이트너 교수님의 조수이신가요?
그래, 왜 그러니?
마이트너 교수님은 급한 일이 있어서 가셨어요. 미안하다며 이 음료수를 전해달라고 하시더라고요.
이런… 어쩔 수 없군.
쩝… 맛있겠다!
그럼 그냥 돌아가야겠네. 난 괜찮으니 콜라는 네가 마시렴.
감사합니다!
익!
야 야! 마시지 마!
꿀꺽 꿀꺽
왜 그러니?
아, 아무것도 아니에요!
그럼 나중에 보자.
꿀꺽
꿀꺽

도저히 안 되겠어.
고양이 냄새를
버틸 수가 없군.
슥
촤――악
이젠 믹스가
대화 끝나는 때에
딱 맞춰서 시간 이동을
끝내 주네~.
고양이 냄새
때문이라고!
그걸 도대체 왜
받아먹은 거야!
꾸르르
어, 갑자기
속이 이상…
…해!
꽈르르
첫 번째 임무는
실패다…
뚝
다운이와 민서를 방해하려고
설사약을 넣었단 말이야!
그걸 먹으면 어떻게 해!
조금만 참아!
촤악
뿌르르르
전 이미
틀렸어요….

7화 맨해튼 프로젝트

CAMP
어서 오세요. 캠핑은 처음이시죠?
네, 캠핑 초보인데 뭐부터 시작해야 할지….
캠핑을 하려면 이 정도는 있어 줘야…!
확
거의 집안 살림이잖아!
며칠 후 캠핑장
헉헉헉….
덜덜
여보, 캠핑
도착하기도
쓰러지는

부르르
아부지!
좌악
사용 설명서
어디 보자.
봐도
모르겠네….
혼자 하신다더니 1시간째
설명서만 보시네….
물리학 공부를
여기서 하시는 듯….
꾸벅
…이
아니라
아예 졸고
계셔!
어휴
그냥…!
우리가
하고 말지!
콰아
폴대!
끈!
말뚝!
쿨~.

어려워!
Free 캠핑장
어, 다운이네도 왔네?
어… 민서?
작년에도 캠핑장에서 만났는데, 정말 인연인가 봐요.
그러게요.
다운이한테 얘기 안 했지? 내가 날짜 알려 달라고 한 거?
속닥속닥
당연하지.
우리 가족 캠핑 날짜 알려 줬으니 대가는 두둑하게!
속닥 속닥
콤비네이션 피자 콜?
콜!
여보, 좀 일어나!
벌떡
어… 내가 왜 자고 있지?
아하하! 또 뵙네요!
이번엔 텐트를 장만하셨네요.

네, 지금 한창 설치 중입니다. 하하!
설치는 무슨··· 한 시간째 헤매고 있어요.
그래? 그럼 내가 도와 주마. 캠핑 경력 10년···.
와!
1시간째
…이라고 하기에는 경력이 의심….
퍽
퍽
왜 안 돼! 왜 안 돼!
설명서부터 보세요.
네.
드르렁.
쿨.
저 설명서는 수면 설명서인가···.
도저히 안 되겠네요. 저희가 해요.
네
뚝
딱

자, 다들
식사하세요!
네!
벌떡
그나저나
저 때문에
정작 민서네는
텐트를
못 치셨네요.
아차!
잠깐만요.
?
가죠.
휙
펄럭
착
저절로 펴지는 텐트!
나도 저걸로 살걸!
화르르

하하
호호
민서는 꿈이 뭐니?
저는 생태학자가 되고 싶어요!
오, 민서는 동식물에 관심이 많은가 보구나.
네, 여기 캠핑장에서 검은등뻐꾸기도 봤고 매발톱꽃도 봤어요.
매 발톱을 봤다고?
그게 아니라, 검은등뻐꾸기는 새의 이름이고…

매발톱꽃은 풀의 이름이야.
모두 조용! 조금만 있으면 소쩍새가 울 거예요.
너만 조용히 하면 될 것 같은데...
소쩍
소쩍
소쩍
와!
정말이네!
다운이는 물리학을 아주 잘한다고 하던데.
다운이는 물리학자
민서는 생태학자로 잘됐으면 좋겠네요!
까르르
까르르
기대하지 마요
너무
부담
부담
휘
잉
화
악

와, 바람이 부니까
불이 더 잘 타네!
연소의 3요소가
모두 갖춰졌나
보구나.
연소의
3요소요?
화르르
1요소
2요소
3요소
연소의 3요소란 탈 물질, 산소,
발화점 이상의 온도를 말해.
탈
물질
산소
발화점
이상의 온도
연소는 물질이 산소와 결합해
열과 빛을 내는 현상이야.
물질
산소
그러니까
연소를 하기
위해서는
탈 물질이
있어야겠지.
물론 산소도 있어야 해.
O_2
그리고 물질이 연소할 수 있는
최저 온도인 '발화점' 이상으로
온도가 유지되어야 한단다.
찰칵
그럼 불을 끄려면
3요소 중 하나를
없애면 되겠네요.
그렇지.

산소나 탈 물질을 없앨 수는 없지만 온도를 내리면 돼…
치이이
어, 내가 지금 뭘 한 거지…?
덜덜
인류가 자연에서 발견한 불을 제1의 불이라 하고…
!
전기를 제2의 불이라고 하잖아요.
꾹
맞아요, 불이나 전기가 없었다면 인류는 여전히 동굴 속에서 추위에 떨며 살았겠죠.
덜덜
그럼 제3의 불도 있어요?
훅 후
제3의 불은 바로 원자력이야.

원자력이라면 핵분열 반응을 일으켜 만든 에너지 맞죠?
그래.
원자 폭탄의 원리도 핵분열이라고 들었어요.
쿠오오
그래, 2차 세계대전 중에 사용됐지….
오호, 그렇다 이거지?
좋았어.
찡긋
찡긋
저희… 잠시 화장실 좀 다녀올게요.
그래.
핵분열과 원자 폭탄의 결합!
착

아이들이 이동하기 시작했어! 우리도 출발하자!
치이이
일단 아~ 하세요. 허기지면 시간 이동도 힘들어요.
헙!
핵분열과 원자 폭탄의 결합!
쩝 쩝
쌈 싸 먹어
착
야옹
다운 믹서
믹스
쩝쩝
쌈 싸 먹으며 시간 이동 하다니, 기분이 이상해.
1945년 7월 16일 로스앨러모스 국립 연구소
여긴 어딜까?
글쎄… 연구소 같기는 한데….

군인도 있어!
척
척
살금
살금
끼익
!
…….
응? 너희들은 누구니?
저, 저는 한국에서 온 다운이….
저는 민서예요. 궁금한 게 있어서 여쭈러 왔어요.
이제 난 소개도 안 해 주는 거야?
한국이라면 일본이 점령한…
아시아의 작은 나라 말이냐?
아, 예….

혹시 아저씨가 이 연구소의 소장님이신가요?
그래, 오펜하이머라고 한단다.
맨해튼 프로젝트의 개발 책임자 로버트 오펜하이머 박사님?
그래… 한국에도 내 이름이 전해졌나 보구나.
그나저나… 뭐가 궁금해서 왔니?
원자 폭탄이 어떻게 만들어진 건지 알고 싶어서요.
오호!
마침 오늘이 처음으로 원자 폭탄을 실험하는 날이야!
쿵
앗, 정말요?
인류 재앙이 시작되는 날인가
아이들이 이 안에 있어!
J. R. Oppenheimer

맨해튼 프로젝트는 지금으로부터 2년 전인 1943년, 내가 로스앨러모스 연구소 소장을 맡으면서 시작됐지.
1943. 3
Manhattan Project
노벨상을 받은 물리학자들을 비롯한 유명한 과학자들 1000여 명이 참여했어.
똑똑한 사람 여기 여기 붙어라~!
많다!
그럼 혹시 보어 교수님도 참여하셨나요?
그렇단다.
맨해튼 프로젝트에 참여한 총 인원은 13만 명이 넘어.
13만 명?
Manhattan Project
들어간 비용도 20억 달러나 되지.
뻘뻘!!
Manhattan Project
$ 2,000,000,000
그렇게 했는데도 2년이나 걸렸다니….
쉬운 일이 아니었어.
파괴하는 일에 인력과 비용을 쏟아붓다니… 쯧쯧, 인간들이란~.

우라늄 원자핵에
중성자를 충돌시키면
어떻게 되는지 아니?
우라늄 원자핵
중성자
그럼요!
핵분열이 일어나서
더 작은 원자핵으로 쪼개져요!
팍
그래! 오스트리아의 물리학자 리제 마이트너가
이론적으로 설명한 현상이야.
지난번에
만났죠!
ㅋㅋ
원자핵이 더 작은
원자핵으로 쪼개지고…
중성자
사라진 질량은 아인슈타인의 질량-에너지 등가 원리에 따라
엄청난 양의 에너지로 변해요. 그리고 핵분열 중에 나온
중성자가 또 다른 핵분열을 일으키고요.
E=mc²
너희들, 뭐 하는
애들이냐…
엄청 똑똑해….
리제 마이트너
교수님께
배웠거든요

우라늄의 양성자는 92개야.
우라늄
양성자 수 92
중성자가 143개인 우라늄-235와,
146개인 우라늄-238이 있지.
우라늄-235
양성자 수 92
중성자 수 143
우라늄-238
양성자 수 92
중성자 수 146
이런 걸 '동위원소'라고 하죠!
자연에 존재하는 우라늄의 99%가 우라늄-238이란다.
우라늄 238
ㅎㅎ 까불지 마라 우라늄-235!
우라늄 235
뭐야 저 녀석?
하지만 핵분열을 잘 일으키는 건 우라늄-235야.
까불지 마~!
헉!
우라늄 238
우라늄 235
ㅋㅋ
그럼 자연에서 1%밖에 안 되는 우라늄-235를 많이 만들어야 했겠네요.
핵분열을 더 잘하니까…
맞아.
수만 명의 노동자들이 실험실에서 고생해 가며 우라늄-238에서 우라늄-235를 분리해 냈지.

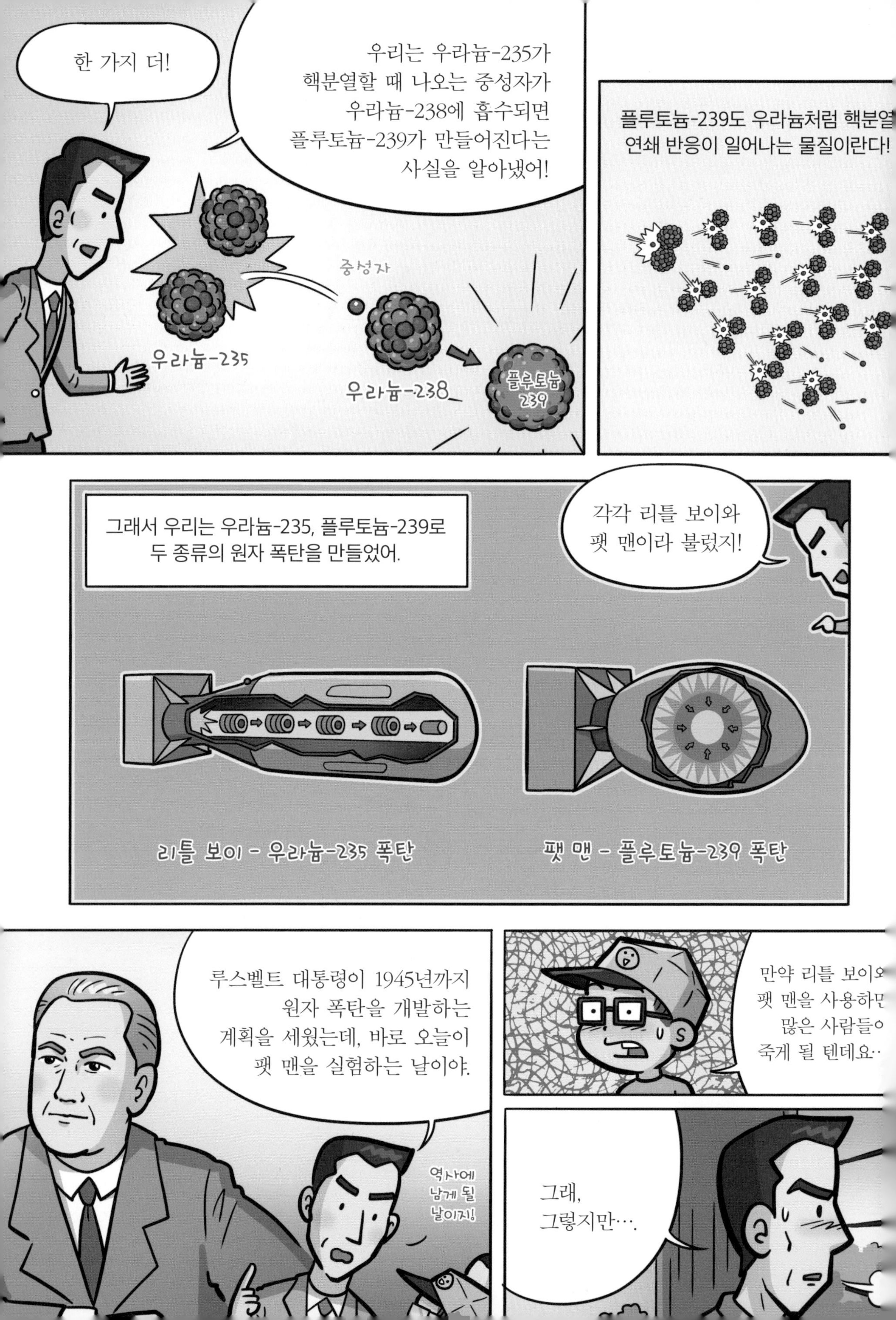
한 가지 더!
우리는 우라늄-235가 핵분열할 때 나오는 중성자가 우라늄-238에 흡수되면 플루토늄-239가 만들어진다는 사실을 알아냈어!
중성자
우라늄-235
우라늄-238
플루토늄 239
플루토늄-239도 우라늄처럼 핵분열 연쇄 반응이 일어나는 물질이란다!
그래서 우리는 우라늄-235, 플루토늄-239로 두 종류의 원자 폭탄을 만들었어.
각각 리틀 보이와 팻 맨이라 불렀지!
리틀 보이 - 우라늄-235 폭탄
팻 맨 - 플루토늄-239 폭탄
루스벨트 대통령이 1945년까지 원자 폭탄을 개발하는 계획을 세웠는데, 바로 오늘이 팻 맨을 실험하는 날이야.
역사에 남게 될 날이지!
만약 리틀 보이와 팻 맨을 사용하면 많은 사람들이 죽게 될 텐데요…
그래, 그렇지만….

오호, 오늘
실험을 한다고?
뚜벅
뚜벅
앗, 누가 온다!
샥
숨어!
뚜벅
뚜벅
쩔꺽
오펜하이머 박사님,
원자 폭탄 실험은 차질 없이
준비되고 있습니까?
네, 그로브스
장군님. 걱정
마십시오.
원자 폭탄은 트럭에
실어 놓았습니다.
10분 후 출발입니다.
그럼 10분 후
밖에서 뵙지요.
…….
탁

바로 저거다!
?
뚜벅
뚜벅
이리 와. 뒷문으로 나가 보자!
어쩌려고요?
탁탁
난 이제 가 봐야 한단다. 원자 폭탄 사진이야. 너희에게 주마.
주욱
저거야!
헉헉
쿵
트럭 문이 열려 있다!

열쇠를…
빼야 해…! 끙!
끙…
슥!
열쇠를 훔쳤다! 해냈어! 해냈다고!
좌악
덕분에 시간 이동도 끝났고요….
트럭 열쇠가 없으니 원자 폭탄 실험을 하지 못할걸? 하하!
그냥 다른 트럭으로 옮기지 않을까요?
헙!

8화
핵융합과 수소 폭탄
아자 봣!
조금만 더… 조금만 더! 헤헤~.
너 불장난하다가 밤에 오줌 싼다~.
아니, 이런 위대한 실험이 불장난이라니!
침 질질 흘리며 헤헤거리는데 위대한 실험은 무슨!
뭔지 몰라도 상상하지 마! 웃지 마!
소금 줍쇼~!
키
조용! 실험 시간에 떠들면 안 돼요.
윽!

그건 그렇고~.
거울과 렌즈에 대해
아는 사람 있나요?
샥
거울과 렌즈는
패셔니스타들의
필수품이죠!
샤르방방
뭔소리야?
아흥
거울이 있어야
자신의 외모를
확인할 수 있고
렌즈를 끼면
눈이 맑아지니까~.
그게 뭐야…
그런데 거울과 렌즈에는
결정적인 차이가 있죠.
거울은 빛을 반사하는
성질이 있고
렌즈는 빛을 굴절시키는 성질이
있어요.
그게 바로
과학적인
대답!

지금 여러분이 갖고 있는
볼록 렌즈는 빛을 굴절시켜
한곳에 모을 수 있어요.
오목 렌즈
볼록 렌즈
그런데 불을
피우려면 연소의
3요소가 필요해요.
우훗.
!
과학자를 직접 만나서
배우기라도 하나요?
과학 실력이 많이
늘었는데요?
헉!
쿵
엥? 무슨
말씀이세요?
마치 뭔가
알고 계신 것
같네….
자, 실험
시작!
척
지글지글
와, 붙었다!
지글
지글
주의!
이 실험은 위험할
있으니 반드시
어른과 함께 하세

방과 후
역시 빛은 대단해!
당연!
빛 덕분에 지구의 생명체들이 태어나서 살아갈 수 있어.
녀석들, 시간 이동을 하면 할수록 똑똑해지고 있군.
더 자세히 말하면 태양의 핵융합 덕분이지!
지난번에는 핵분열 폭탄에 대해 배웠는데, 핵융합 폭탄은 어떻게 만들어질까?
!
자.
오호! 이젠 알아서!
핵융합과 폭탄의 결합!
끙
팍
이동한다!

그럼 우리도
출발할까요?
윽!
착
1952년 로스앨러모스
국립 연구소
엇? 여기는
지난번에
왔던 곳이야!
이곳에서 핵융합 폭탄도
만들었나 봐!
냄새를 맡아 보니
그 아이들도 왔군!
킁킁
…….
믹스도 낯설지 않은
냄새가 나나 봐.
으이구~
그게
아니라고!
그래도 개라고
후각이 뛰어나긴 하네!
답답해…

스윽
너희들은 누구니? 내 연구실 앞에서 뭘 하는 거냐?
헉!
저희는 한국에서 온 다운이와 민서라고 해요.
얘는 믹스고요.
이번에는 날 소개해 주는군!
한국이라면 지금 전쟁 중인 나라 아니니?
그건 옛날이고 저희는 미래의 한국에서 온….
꼬집어야 정신을 차리지!
…게 아니라 한국에서 태어났고 지금은 미국에서 살고 있는데 궁금한 게 있어서 여쭈러 왔어요!
그렇지
멈칫
!
핵융합 폭탄이 어떻게 만들어지는지 궁금해요….

혹시 에드워드 텔러 박사님이세요?
그래, 맞다. 어떻게 알았니? 내가 좀 유명하긴 하지….
…….
연구실 문에 써 있어요.
Edward Teller
그렇구나… 흠흠, 일단 들어와라.
끼익
탁.
연구실로 들어갔다!
살금 살금
샥

너희들 원자 폭탄에
대해 좀 아니?
홍차란다
감사합니다
네, 우라늄 원자핵에 중성자를 충돌시키면
작은 원자핵 2개로 쪼개지면서 중성자가 나와요.
넌 이거.
그 중성자가 다른
우라늄 원자핵을
쪼개죠.
이런 핵분열이
연쇄적으로
일어나면서
엄청난 양의
에너지가 나와요.
이걸 폭탄으로 만들면
원자 폭탄이 돼요.
대단하구나,
너희들…!
훗!
그래, 맨해튼 프로젝트에서 만든
2개의 원자 폭탄 때문에
전쟁이 끝났지!
리틀 보이
팻 맨
일본이 항복했죠

대한 독립 만세!
그때 한국도 일본으로부터 독립했고요….
그런데 지금은 북한과 전쟁 중인 걸로 알고 있다.
그러게요. 고난의 연속이네요.
그래서 난… 계속해서 핵폭탄을 연구하는 게 맞다고 생각해!
콰악
인류의 전쟁을 완전히 없애기 위해서!
쾅
저… 태양에서 일어나는 핵융합 반응에 대해 알려 주세요.
그래, 태양 내부에서는 수소 원자핵이 헬륨 원자핵으로 변하는 핵융합 반응이
수소
H
헬륨
He
상상도 못 할 정도로 많이 일어나고 있어.

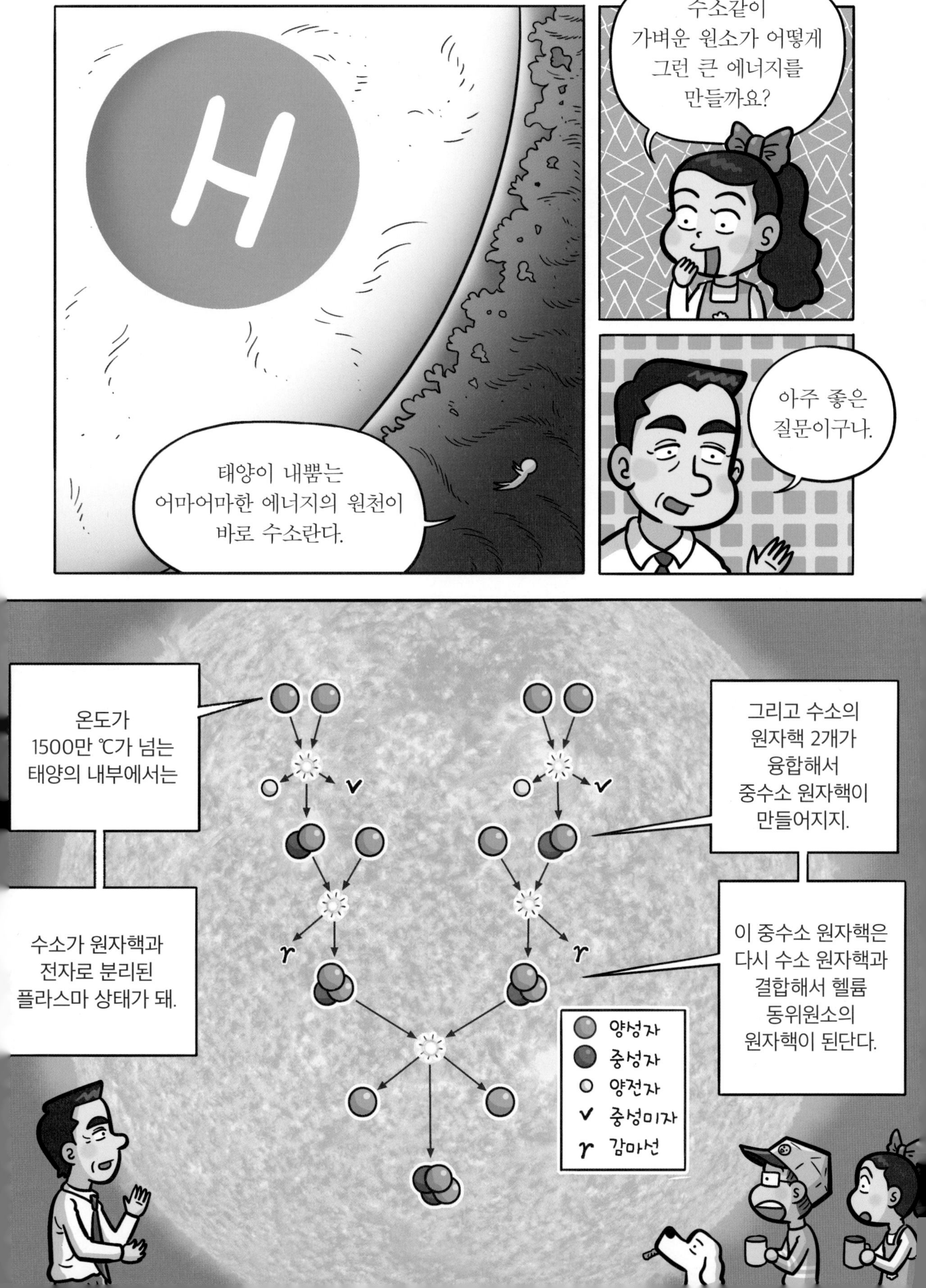

수소같이 가벼운 원소가 어떻게 그런 큰 에너지를 만들까요?
아주 좋은 질문이구나.
태양이 내뿜는 어마어마한 에너지의 원천이 바로 수소란다.
H
온도가 1500만 ℃가 넘는 태양의 내부에서는
수소가 원자핵과 전자로 분리된 플라스마 상태가 돼.
그리고 수소의 원자핵 2개가 융합해서 중수소 원자핵이 만들어지지.
이 중수소 원자핵은 다시 수소 원자핵과 결합해서 헬륨 동위원소의 원자핵이 된단다.
양성자
중성자
양전자
중성미자
감마선

마지막으로 한 번 더 융합해서 비로소 완전한 헬륨 원자핵이 되는 거네요.
그렇단다.
양자 터널 효과를 연구하신 가모프 박사님이 계셨으면 이렇게 말씀하셨을 거예요.
"핵분열과 핵융합은 고전역학으로는 설명할 수 없지. 양자역학으로만 설명할 수 있어"라고요.
그래, 분명 그랬을 거야!
쳇
핵융합이 일어나면서 원자핵의 질량이 일부 사라지는데, 이때 사라진 질량은 질량-에너지 등가 원리에 따라 어마어마한 양의 에너지로 나오게 된단다.
E = mc2
파앗

이런…
고전역학을 완전히
무시하고 있어!
부들
부들
이번에는 반드시
막을 거야!
어떻게요?
몰라.
와!
와!
?
헉! 오펜하이머
박사잖아?
수소 폭탄
절대 반대!
지구를 멸망
시킬 셈이냐!
오호!
오늘은 운이
아주 좋은데?
에드워드 텔러
박사의 연구실은
여기입니다!

나도 알고 있단다.
!
그럼 수소 폭탄은 어떻게 만드는 거죠?
와 아
밖이 왜 이리 시끄러워?
그림을 보면 쉽게 알 수 있을 거다.

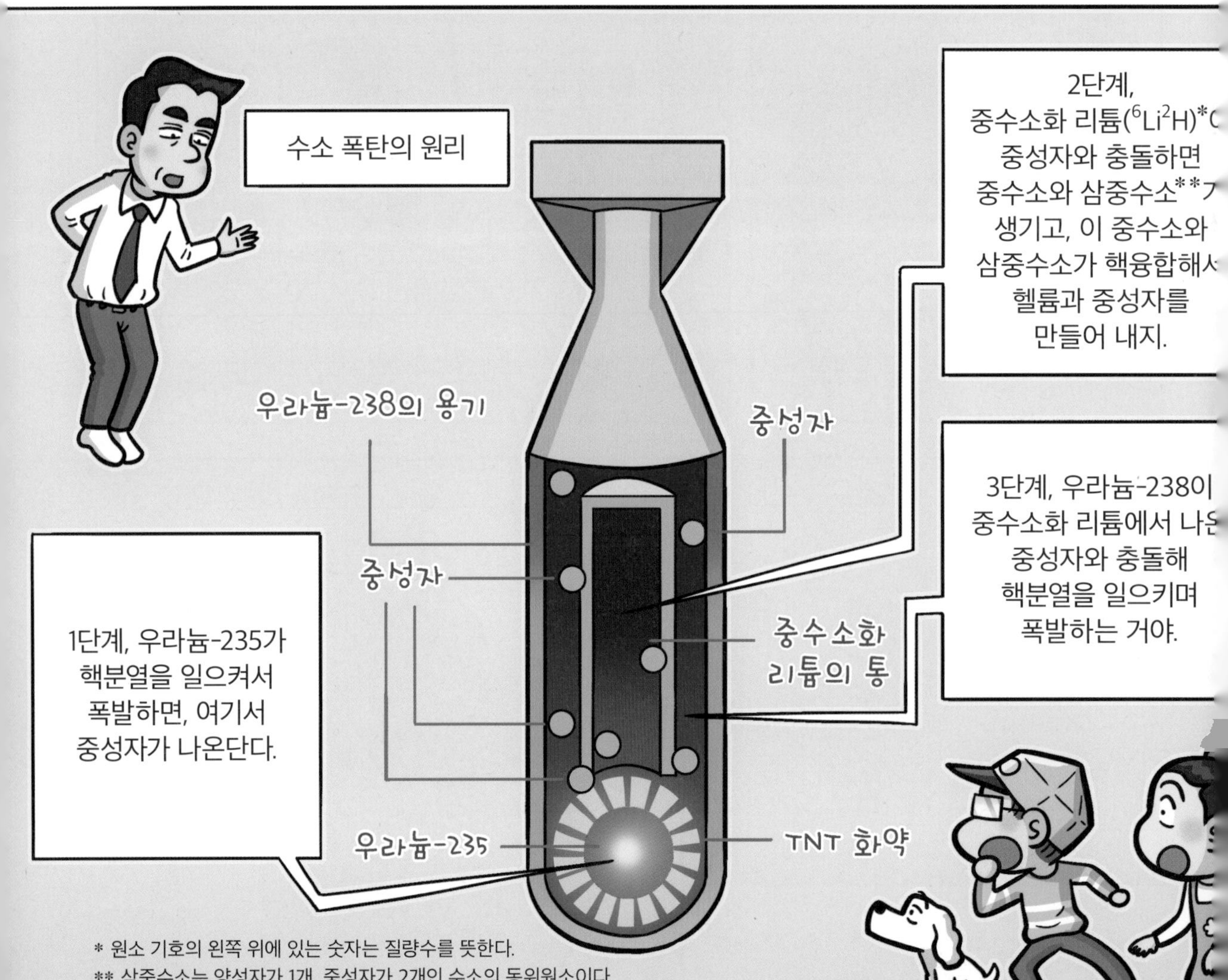
수소 폭탄의 원리
2단계, 중수소화 리튬($^{6}Li^{2}H$)* 중성자와 충돌하면 중수소와 삼중수소** 생기고, 이 중수소와 삼중수소가 핵융합해 헬륨과 중성자를 만들어 내지.
우라늄-238의 용기
중성자
중성자
3단계, 우라늄-238이 중수소화 리튬에서 나 중성자와 충돌해 핵분열을 일으키며 폭발하는 거야.
중수소화 리튬의 통
1단계, 우라늄-235가 핵분열을 일으켜서 폭발하면, 여기서 중성자가 나온단다.
우라늄-235
TNT 화약

* 원소 기호의 왼쪽 위에 있는 숫자는 질량수를 뜻한다.

** 삼중수소는 양성자가 1개, 중성자가 2개인 수소의 동위원소이다.

수소 폭탄
그럼 수소 폭탄은 핵분열과 핵융합을 둘 다 이용하는 거네요.
그래서 수소 폭탄을 '3F 폭탄'이라고도 한단다.
Fission-Fusion-Fission
분열 융합 분열
아!
와아
소 폭탄 반대
덜컥
엇, 오펜하이머 박사님!
텔러 박사, 당장 수소 폭탄 연구를 중단하시오!
박사님...
으르르~!
냐아아~!
내가 원자 폭탄을 만든 결과를 보았잖소!
예상외로 너무 많은 사람들이 죽었습니다.

원자 폭탄 때문에 나는 죽음의 신이 되었소…
왈 왈
냥 냥
텔러 박사마저 그렇게 되지 않기를 바랍니다….
수소 폭탄은 이미 완성되었습니다. 이제 실험만 하면 됩니다!
당신은 나와 똑같은 실수를 하는 거요!
아인슈타인 박사도 핵무기 개발이 자기 인생의 가장 큰 실수라고 했소.
제발 그만두시오!
이제 와서… 실험을 그만둘 순 없습니다!
쿵
팍
수소 폭탄은 원자 폭탄보다 1000배나 더 강력합니다!
인류 전체가 멸망하고 말 거요!

두둥
콰악
오펜하이머 박사님! 우리가 먼저 만들지 않으면 소련이 먼저 수소 폭탄을 만들 겁니다!
그럼 우리가 당하게 됩니다!
그러니까 소련과 협의해서 아예 만들지 말아야 합니다.
박사님, 우리가 과연 그들을 믿을 수 있을까요?
두둥
어쩔 수 없습니다. 오늘… 수소 폭탄 실험을 할 겁니다.
……
휙
양자역학은 인류를 멸망시킬 거라고요!

엇, 저 애는…?
엇!
샥
잠깐… 재를
어디서 봤더라?
다시는 날
볼 생각 마시오!
박사님….
탁
……
자… 얘들아. 난 이제
수소 폭탄 실험 때문에
가 봐야겠구나.

이건 수소 폭탄에 대해 내가 쓴 논문이란다.
네….
너무 안타까워… 슬픈 일이야.
그 냥이 녀석, 더 혼내 줘야 했는데…!
아까는 고마웠다. 우리를 도우려 했잖니….
헤헷 뭘요~
내 도움이 필요하면 언제든지 연락하렴.
네!
과학은 우리 삶을 편리하게 해 주지만 아주 위험한 것이기도 해.

그래서
과학자들의
윤리 의식이
중요한 거겠지.
쿵쿵
엇!
이 냄새는?
흐흐… 오펜하이머의
연락처를 얻다니!
!
이걸 이용해서 양자역학의
발전을 막을 수….
팍
엇!
앗,
빼았겼어!
믹스,
저 녀석…!
이런!
ㅋㅋ
?
녀석들을
곤란하게
해 줬지
헥 헥

믹스야,
뭐 기분 좋은 일
있니?
헥 헥
이것 봐, 명함이라고! 오펜하이머 박사의 명함!
이런 길거리 홍보물은
가져오지 말고!
헉
주머니에
넣었다가
나중에
버리자.
알았어~. 안아 줄게!
그게 아니고 …!
낑
저 녀석을 그냥…!
무슨 조치를
취해야지,
가만두면
안 되겠어!

9화
페르미의 원자로
너희들은 누군데 여기 있는 거야?
캉~!
으르렁!
양자역학은 우리를 파멸로 이끌 거야!
그걸 막기 위해 이곳에 왔다!
팍
그건 전쟁 때문이야! 양자역학은 얼마든지 이롭게 쓰일 수 있다고!
두둥
그래, 이거야! 드디어 원자로를 완성했다!
이런!

에잇!
다…
다이너마이트!
쿵
치이이
원자로여,
양자역학이여!
잘 가라!
치이이
안 돼!

콰
아
안 돼! 위험해!
뭐야!
다운아!
다 다
다 다
악, 아이가 발작을!
다운아, 정신 차렷!
흔들흔들
어… 꿈이네.
휴~, 십년감수했네.
도대체 무슨 꿈을 꿨길래 그렇게 소리를 질렀니?
휴~
어떤 꼬마가 페르미 교수의 원자로를 폭발시키려 했어요.

페르미 교수의 원자로라면 '시카고 파일' 말이니?
이름은 잘 모르겠어요.
그 아이… 예전에 시간 여행에서 봤던 아이와 똑같이 생겼어!
다음 날
집중해서 잘 보자!
네.
뭐? 꿈에서 어떤 아이가 다이너마이트로 테러를 하려 했다고?
응, 너무 생생한 꿈이었어.

혹시 옆에 과학자도 있었어?
뚜 뚱
그래, 이거야! 드디어 원자로를 완성했다!
응… 뒷모습만 봤는데 엔리코 페르미 교수님 같았어.
페르미 교수님도 양자역학과 관련이 있는 과학자야?
응.
예전에 믹스랑 둘이서만 시간 이동 할 때 만난 적이 있어.
꿈은 이루어진다던데….
무슨 소리야!
테러가 일어나길 바라기라도 하는 거야?
아니 그게 아니라, 혹시 이번 시간 여행에선 페르미 교수님을 만나지 않을까 해서 그렇지.
또 시작 됐군!
그래, 페르미 교수님을 만나러 가 보자!
페르미와 원자로의 결합!
콱

이번에는 꼭 성공하자!
페르미와 원자로의 결합!
착
1945년 7월 17일, 미국 시카고 대학교
와!
최초로 원자 폭탄 실험을 한 다음 날
시카고 대학교 운동장 지하에 연구실이!
!
너희들… 무슨 일로 왔니?
역시 페르미 교수님이셨어! 다시 만나서 반가워요!
뭐? 우리가 전에 만난 적이 있었나?
아… 아뇨! 너무 유명하셔서 만난 것 같은 기분이 든다고요….
그래?
시간 이동이 몇 번째인데 여태껏 저런 실수를…
휴

원자력에 대해 알아보고 싶어서 찾아왔어요.
아, 그래?
혹시 너희들…
양자역학은 알고 있니?
그럼요!
돌턴
원자론
보어
원자 모형
전자 발견
코펜하겐 해석
중성자 발견
보통 아이들이 아니구나
알고 있죠.
원자 폭탄, 수소 폭탄까지!
교수님도 맨해튼 프로젝트에 참여하신 건가요?
그렇단다. 1938년에 노벨 물리학상을 받고 미국으로 망명했지.
ALFR. NOBEL

그 후 오펜하이머 교수님과 함께
맨해튼 프로젝트에 참여했어.
어제는
원자 폭탄 실험이
성공한 날이야.
세계 최초로,
독일보다 먼저!
쿠웅
이 '원자로'에서
핵분열 연쇄 반응을
실험하지 않았다면
불가능한 일이었지!

살금 살금
샥
매번 우리가 한발 늦는군.
이번에는 준비를 좀 하셨나요?
냥?
그래, 저 실험 장치를 폭파시켜 버릴 거야!
헉
우라늄 원자핵이 분열할 때 나오는 중성자는 에너지가 크고 빠른 중성자란다.
나를 주체할 수가 없어!
팍

에너지가 커서 좋을 것 같지만…
슉
빠른 중성자는 우라늄 원자핵에 잡히지 않고 그대로 지나가지.
슉슉!
뭔가를 지나친 것 같은데…
이것은 입에서 나는 소리가 아니여!
그럼 중성자의 속도를 줄여야겠네요!
드 드 드
바로 그거다!
중성자의 속도를 줄이는 데 쓰는 물질을 '감속재'라고 해.
삑
감속재
규정 속도를 지키세요!
감속재는 중성자의 속도는 줄이되, 중성자를 흡수해서는 안 되지.
푭!
흡수하게 되면 다른 우라늄 원자핵을 분열시킬 수 없으니까요!
바로 그거야.

그래서 연구에 연구를 거듭한 결과…
감속재로 흑연을 쓰기로 했단다!
흑연이라면… 연필심요?
그래, 불순물이 섞여 있지 않은 순수한 흑연을 사용해서 핵분열 연쇄 반응을 일으켰지.
저걸 보렴.
흑연을 우라늄, 산화 우라늄*과 차례로 쌓아 놨단다.
헉, 흑연을 사용할 줄이야!
저는 그냥 검은 벽돌을 쌓아 놓은 줄 알았어요.
석탄 같기도 하고….

* 산소와 결합한 우라늄을 뜻한다.

우리는 이걸 '시카고 파일'이라고 부른단다.
Chicago Pile
시카고 파일요?
'시카고 대학교'와
'차곡차곡 쌓은 더미'라는 뜻의 '파일(pile)'이 합쳐진 말이지.
시카고 파일… 저걸 폭파시켜야겠어!
언제요?
모두 자리를 비운 뒤에….
쿠우우
원자 폭탄의 위력은 내가 추정한 것보다 더 엄청났어.
원자 폭탄의 위력을 추정할 수 있어요?
그럼!

시카고에 있는 피아노 조율사가 몇 명인지 추측해 볼 수 있니?
뭐예요? 대뜸!
너무 생뚱맞잖아요
차근차근 생각해 보자.
시카고 인구가 대략 몇 명이죠?
대략 300만 명….
한 가구당 3명이라고 치면, 시카고에는 약 100만 가구가 있을 거예요.
100만 가구
피아노 보급률이 10%라면, 10만 가구가 피아노를 가지고 있을 거고요.
딩동댕 동
100만 가구 × 10% =
10만 가구
조율은 1년에 한 번 하고, 조율하는 데 2시간이 걸린다고 가정해 볼게요.
조율사가 하루에 8시간 일한다고 하면, 하루에 4가구를 조율할 거예요. 그리고 주 5일로 1년에 50주를 근무한다고 치면…
흠!

시카고에는 10만 대의 피아노가 있으니까 1년에 조율은 10만 건.
딩가 딩가
10만 조율
그리고 조율사 1명은…
4 X 5 X 50 = 1000
4가구 5일 50주
1년에 1000대의 피아노를 조율할 수 있어요!
결론! 1년에 10만 대의 피아노를 조율하려면 조율사는 100명이 있어야 해요!
10만 건 / 1000대 = 100명!
브라보!
멋지잖아!
대단하다!
짝 짝
나도 이런 방식으로 원자 폭탄의 위력을 추정했단다.
실험 당시 나는 폭발 지점으로부터 약 16km 떨어진 곳에 있었어.
콰 광
이쯤이면 무사하겠지?
16km

폭발 후 40초가 지나니
충격이 느껴지더구나.
쿠쿠쿠
충격파가
지나가기 전
… 38, 39…
지나가는 도중
40!
쿠쿠
지나간 다음…
…
각각의 경우에 작은 종잇조각들을
약 180cm 높이에서 떨어뜨려 봤더니…
충격파가 지나가는
도중에 종잇조각들이
약 2.5m를 날아갔다는
결과를 얻었단다.
쿠쿠쿠
이 정도 거리면
TNT 폭탄 1만 톤의
위력이라고 추정했어.
우앗!
실제로도 그
정도였나요?
실제로는 TNT 폭탄
2만 톤의 위력….

이런 추정 방식을 '페르미 추정'이라고 하지, 하하!
과학자들은 본인의 이름을 넣는 걸 좋아하나 봐
나는 원자력을 전쟁 무기가 아닌 다른 곳에 쓰고 싶었어.
바로 원자력 발전!
원자 폭탄은 우라늄을 90% 이상 농축해야 해.
쥐어짜!
U 92
U 92
그런데 우라늄을 3~4%로 농축한 뒤 핵분열이 천천히 일어나게 하면 화력이나 수력 발전으로 얻는 것보다 큰 에너지를 얻을 수 있단다.
후쿠시마 원전 사고
하지만 원자력은 여전히 위험하죠.
물론 안전을 최우선으로 생각해야겠지!
물론이죠!

아니, 무슨 말이 저렇게 많아!
저만 믿어요!
뭘 어쩌려고!
척 척
박사님!
?
오펜하이머 박사님이 급하게 찾고 계세요. 원자 폭탄과 관련된 일이라며….
그래?
너희들은 잠시 기다리거라. 금세 다녀오마!
네.
어디서 본 아이 같은데...
탁 탁
애플이 자기 역할을 톡톡히 하는군.
살금 살금
슥
냥

이걸로
원자로는
끝이다!
띠
띠
띠
앗! 이 냄새는?
킁
츠
팟
제대로
걸렸어!
냥!
콱
헙!
뭐야?
다이너마이트?!
찌익
쿵

야, 멈춰!
어, 어쩌지?!
1분밖에
안 남았어!
후닥닥
어떤 선을
뽑아야 하지?
띠
띠
30초밖에 안 남았어!
00:30
어쩌지?
생각할 틈이
없어! 셋 다
뽑자!
팍
멈칫
00:15
됐다….
털
썩
멈췄어….

한편…
왜 안 터지는 거야?
조
……
용
왜 안 터지냐고!
엉덩이가 다 보여!
콰
아
하
아
세상에… 꿈속의 사건이 실제로 일어나다니 믿을 수 없어!
찢어진 바지 조각이네. 이게 단서가 될지도 몰라.
이제 돌아가자.
다 내 덕인 줄 알라고!
슈
아
악
우리를 방해하려는 나쁜 무리가 있다는 걸 확실히 알았어.
앞으로 조심해야겠다.
난 진작에 알았는데…

10화
울즈소프가 남긴 단서
찌익!
쿨~.
찢어진 바지 조각
지난번에는 너무 위험했어. 대체 그 아이의 정체가 뭘까?
콱
딱 걸렸어!
컥
뭘 보고 있는 거야? 시간 이동 해서 가져온 거지?
야! 노, 노, 노크도 몰라?
왈!
그냥 한번 떠본 건데 왜 말을 더듬어? 진짜 수상하네?

빵가빵가~
얘들아,
할아버지 오셨다.
나와서 인사드리렴!
아이고, 우리
믹스 잘 있었…
컥!
헐!
퍽
아버지
괜찮으세요?
야, 믹스!
부르르
탁
난 그냥
반가워서
그런 건데…
할아버지,
보고 싶었어요!
와
락
아유,
내 예쁜
강아지들!
자, 모두 앉아!
?
?
척
엎드려~.
?

자, 간식 먹어~!
진짜 우리를 강아지로 보시나 봐!
개 간식
난 강아지 맞지롱~
와, 감자네!
그래, 이 할아비가 감자전 해 주려고 가져왔단다.
감자전!
다운아, 표정이 왜 그러니?
감자전을 너무 많이 먹고 탈 난 기억이 나서요.*
아, 맞다. 그랬었지?
그럼 너는 감자튀김을 해 주마.
우우우
걱정 말거라.
뭐지, 무서워….

* 『초등학생을 위한 양자역학 2』 4화 참고.

와, 할아버지! 요리 진짜 잘하시네요!
대박 맛있어요!
땡큐~.
역사 다
역사 다큐
두둥
원자폭탄 투하
쿠우우
원자 폭탄이 투하된 지도 꽤 오랜 시간이 흘렀구나.
네, 맨해튼 프로젝트에서 만든 원자 폭탄 2개가 일본에 떨어졌죠.
오물오물

우라늄-235로 만든 리틀 보이
플루토늄-239로 만든 팻 맨
쩝 쩝
…이 있어요.
아니, 그걸 알고 있다니 대단하구나.
훗
그 똥폼은 뭐야?
후훗, 인기남이 되려면 지식과 스타일을 겸비해야 하지.
샤 방 방
샤 르 방
인기남은 무슨… 그런 똥폼으로는 사람들이랑 친해지기도 힘들걸?
쩝 쩝
야!
할아버지는 물리학에서 어떤 분야를 연구하셨어요?
샤
당황하니 말 돌리네.
핵물리학을 연구했지.
그럼 원자 폭탄
만들
아시겠네요

핵물리학을 공부했다고
다 원자 폭탄을 만들 수
있는 건 아니란다.
할아버지는
원자핵에서 일어나는
현상을 학문적으로
연구했어.
내과 의사랑 외과 의사가
다른 것처럼,
물리학자들도 연구 분야가
서로 다르다고!
너 방금
나랑 같이
놀라지
않았니?
어이
상실
아버지의
스승님도
유명한
분이셨죠?
그래, 유카와 히데키
교수님… 1949년에
일본인 최초로
노벨상을 받으셨지.
오물
오물
원자핵을 구성하는 핵자들 사이에서
일어나는 현상을 연구하셨어.
원자 폭탄 투하로
슬퍼하던 일본인들이
희망을 갖는
계기가 됐지.
절망도
핵 때문에,
희망도
핵 때문에…

유카와 히데키 교수님에게 라이벌이 있었다고 들었어요.
도모나가 신이치로 교수! 일본에서 두 번째로 노벨상을 타신 분이지.
또 노벨상!
지금까지 일본에서 노벨 과학상을 받은 사람은 모두 24명!*
24명이나?
그중에서 물리학상을 받은 사람은 11명이나 된단다.
우와~
우리나라 과학자는 한 명도 없네….
다운이가 커서 열심히 연구하다 보면, 우리나라 최초로 노벨 물리학상을 받을 수도 있지!
얼씨구, 또 스스로에게 취했군.

* 2020년 기준.

도모나가 교수가 유카와 교수보다
한 살이 더 많았지만
둘은 학교 동창이었어.
공통점이 아주 많았지.
둘 다 아버지가 교토 대학 교수였단다.
그 당시 자리를 잡아 가던 양자역학에
관심을 가진 것도 똑같았지.
양자역학
다른 점도
있었어요?
물론 있었지.
유카와 교수는 일본에서만
공부한 반면
도모나가 교수는 유학파였어.
독일

도모나가 교수는 하이젠베르크 교수와 함께 연구하기도 했단다.
도모나가 교수님 대단하네.
나는 유카와 교수님이 더 대단한걸?
나는 감자전이 제일 대단해!
왜?
일본에서만 양자역학을 공부했는데도 노벨상을 타셨으니까.
감자 튀김도 대단해!
아하~.
도모나가 교수님은 뭘 연구하셨어요?
그건 바로… '양자 전기역학'이야.
쿨
야, 양자 전기… 역….
그럼… 전기역학을 양자역학으로 해석했다는 뜻인가요?
쿨

새벽 2시인데 다운이의 질문은 끝이 없구나.
양자 전기역학이라….
자는 척하자!
쿨!
샥
샥
할아버지! 양자 전기역학에 대해 알려 주… 무시네!
다음 날
지난번에 아이들이 우리 얼굴을 봐서 걱정이에요.
괜찮아. 시간 이동 할 땐 우리가 아이의 모습으로 바뀌니까.
냥!
그나저나 지난번 폭파 계획은 좀 심했어요. 아이들이 크게 다칠 수도 있었다고요.
그… 그건 원자로를 없애려면 어쩔 수 없는 선택이었어!

게다가
실패했잖아!
전 사람이 다치지 않으면
좋겠어요.
오늘 우리가 만날
사람이 있어.
누군데?
일본의 도모나가
신이치로 교수님.
할아버지 스승님의
라이벌이셨대.
양자 전기역학을
연구하신 분이야.
오호!
라이벌이라…
재밌겠는걸?
아임
레디
전기역학과
양자역학의
결합!
앗, 출발한다!
우리도
출발!
착
전기역학과
양자역학의 결합

1947년 일본 도쿄 대학
도모나가 교수님의 연구실이야.
저분인가 보네.
쉿, 조용! 들리겠어.
조용은 뭘… 어차피 인사는 해야 하잖아. 안녕하세요!
왈!
어이쿠, 깜짝이야!
너희들은 누구니?
으이구, 진짜!
저희 할아버지가 도모나가 교수님에 대해 자주 말씀하셨는데요….
할아버지께서 양자역학을 연구하시니?

아, 아뇨.
그냥 취미로요.
제가 양자 전기역학에 대해 설명해 달라고 했더니 피곤하다면서 주무시더라고요….
잘하고 있어
그래서 교수님께 여쭈러 왔어요.
오, 그래? 너희들처럼 호기심 많은 아이들은 언제나 환영이다!
교수님, 양자 전기역학이 도대체 뭐예요?
그 냥이 녀석 또 안 왔나?
킁킁
음, 간단히 말하면 전기역학을 양자화하는 거지.
헤헤 그래도 모르겠어요…
양자역학은 원자 세계에서 일어나는 현상을 설명하는 물리학이야.
전기역학은 전기와 자기의 상호 작용을 설명하는 물리학이지.
운동 방향
N
전자기 유도 실험
검류계

영국의
이론 물리학자
맥스웰이
1870년에
전기역학을
완성했단다.
전기력과 자기력은
서로 다른 건가요?
전기력
자기력
반발력
인력
N
S
근본적으로는 같아!
전기력으로 자기력을 만들 수도 있고
쇠막대
전류
전류
운동 방향
막대자석
전자기 유도 실험
코일
검류계
자기력으로 전기력을 만들 수도 있어.
전기력과 자기력이 작용하는
공간을 '전자기장'이라고
하는데…
이 전자기장을 양자역학으로 해석하는 학문을
'양자 전기역학'이라고 한단다.
양자역학
+
−

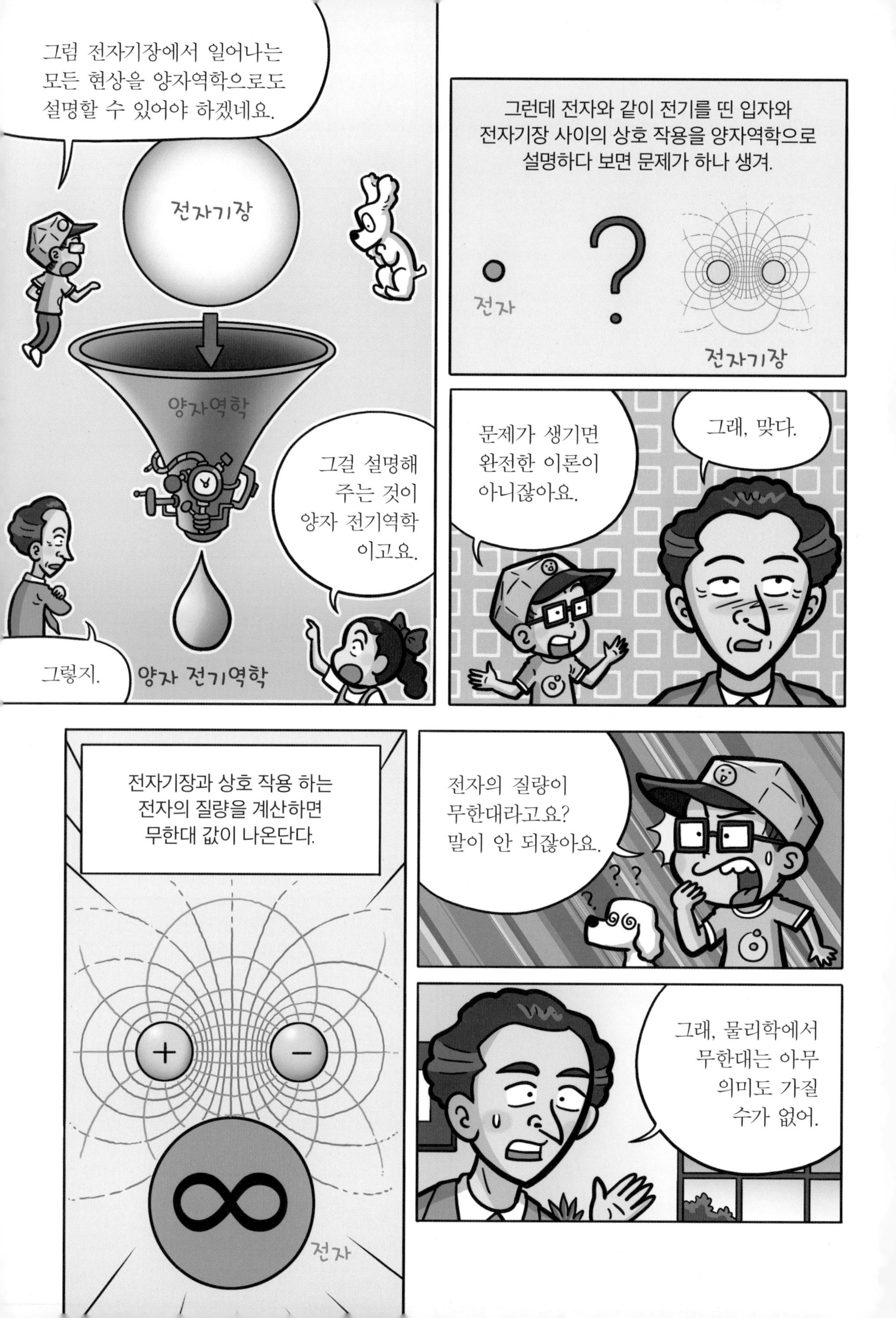
그럼 전자기장에서 일어나는 모든 현상을 양자역학으로도 설명할 수 있어야 하겠네요.
전자기장
양자역학
양자 전기역학
그걸 설명해 주는 것이 양자 전기역학이고요.
그렇지.
그런데 전자와 같이 전기를 띤 입자와 전자기장 사이의 상호 작용을 양자역학으로 설명하다 보면 문제가 하나 생겨.
전자
?
전자기장
문제가 생기면 완전한 이론이 아니잖아요.
그래, 맞다.
전자기장과 상호 작용 하는 전자의 질량을 계산하면 무한대 값이 나온단다.
+
−
∞
전자
전자의 질량이 무한대라고요? 말이 안 되잖아요.
그래, 물리학에서 무한대는 아무 의미도 가질 수가 없어.

그렇다면
교수님께서
이 문제를….
그래, 그 무한대의
문제를 해결했지.
양자역학에
상대성 이론을
적용해서…
전자의 질량이
무한대가 되지 않도록
이론을 만들었어.
그 이론 덕분에
문제가 해결되면서
양자 전기역학이
완성된 거란다.
양자 전기역학
쿵
엇! 이
냄새는?
도모나가 신이치로
교수님이시죠?
그렇소만.
왈 왈
조용히 해,
믹스!

흔들 흔들
유카와 교수님이 부르셨습니다.
왜 저렇게 몸을 흔드는 거지?
조용!
얘들아, 여기서 잠시만 기다리렴.
금세 다녀오마.
네.
탁
얼굴은 작고 애 같은데, 어른 키에 옷은 또 왜 저렇게 크담?
두리번
뭘 찾고 있는 거지? 수상한데?
언니, 지금 뭐 하는 거예요?
응, 교수님 책상을 정리해 드리려고.
왜 이렇게 허둥대는 거지?

착
착
화악
쿠쿵
앗, 지금
뭐 하는 거예요!
꺄
내 이럴 줄
알았어!
팍
콱
악!

아니, 날 부르지
않았다는데?
헉, 책상에
웬 불이!
화르르
팍
치이익
휴~, 큰일 날
뻔했구나.
아까 찾아온 누나가
교수님 책상에
불을 질렀어요!
뭐?

엇? 사라졌다!
쿵
선글라스…? 그 녀석과 한 패인가? 또 하나의 단서야!
교수님… 문서가 다 탔어요! 어쩌죠?
괜찮다. 원본은 따로 보관해 놓았단다.
휴~, 다행이네요.
좌악
시간 이동이 점점 위험해지는걸! 대체 그 녀석들 정체가 뭐지?
더 세게 물었어야 했는데….
점점 더 거세지는 악당들의 방해… 다운이 일행은 이 위기를 어떻게 돌파할까요? 마지막까지 그들의 시간 여행을 지켜봐 주세요!
계속

머릿속에 쏙쏙!

마이트너의 오엑스 퀴즈

리제 마이트너에게 핵분열, 핵융합에 대한 수업을 들은 다운, 민서, 믹스!
친구들이 수업을 잘 이해했는지 확인해 보아요!
맞으면 ○, 틀리면 ✖에 동그라미를 그려 보세요.

우라늄 원자핵에 중성자를 충돌시키면 우라늄이 더 무거운 원소로 변한다. ○ ✖

아인슈타인의 '질량-에너지 등가 원리'에 따르면, 핵분열이 일어나면서 엄청난 양의 에너지가 방출된다. ○ ✖

이것만 알면 핵분열, 핵융합은 끝이야!

우라늄이 핵분열하면서 나온 중성자로 인해
핵분열 연쇄 반응이 일어난다.

○ ✖

원자 폭탄을 만들 때에는 핵분열을
잘 일으키는 우라늄-238을 사용해야 한다.

○ ✖

원자 폭탄의 원리와 태양 에너지가
만들어지는 원리는 서로 같다.

○ ✖

수소 폭탄은 핵분열과 핵융합을
둘 다 이용해 만든다.

○ ✖

핵분열이 더 잘 일어나게 하려면
감속재를 사용해서 중성자의 속도를
줄여야 한다.

○ ✖

정답은 214쪽

고전역학이냐 양자역학이냐, 그것이 문제로다!

❶ 양자역학

❷ 고전역학

❸ 양자역학

❹ 양자역학

❺ 양자역학

❻ 고전역학

머릿속에 쏙쏙! 마이트너의 오엑스 퀴즈

❶ ✖ (우라늄 원자핵에 중성자를 충돌시키면 우라늄이 더 가벼운 원소들로 분열한다.)

❷ ○

❸ ○

❹ ✖ (원자 폭탄은 핵분열이 잘 일어나는 우라늄-235를 사용해 만든다.)

❺ ✖ (원자 폭탄의 원리는 핵분열, 태양 에너지가 만들어지는 원리는 핵융합이다.)

❻ ○

❼ ○

두 가지 게임으로 즐기는
과학자 캐릭터 카드

첫 번째 게임 하나 둘 셋! 누가 이겼을까?

카드를 조합해서 점수가 가장 높은 사람이 이기는 게임!

1. 카드를 잘 섞어서 똑같이 나눠 가지고, 자기만 볼 수 있게 손에 듭니다.
2. 모든 참가자가 "하나 둘 셋!"을 외치며 동시에 카드를 내려놓습니다. 조합할 수 있는 카드가 있으면 두 장, 없으면 한 장을 내려놓을 수 있습니다.

3. 점수가 가장 높은 카드를 내려놓은 사람이 탁자 위의 카드를 다 가져갑니다.
4. 게임을 계속 진행하다가 한 사람이 모든 카드를 가져가면 그 사람의 승리로 게임이 끝납니다!

두 번째 게임 누구누구? 캐릭터를 맞혀라!

캐릭터의 표정과 행동을 흉내 내서 누군지 맞히는 게임!

1. 카드를 잘 섞어서 똑같이 나눠 가지고, 자기만 볼 수 있게 손에 듭니다.
2. 참가자끼리 순서를 정합니다.
3. 자기 차례가 되면 손에 든 카드 중에서 하나를 골라 표정과 행동을 흉내 냅니다.

4. 다른 사람들은 어떤 카드인지 맞히고, 가장 먼저 맞힌 사람이 그 카드를 가져갑니다.
5. 게임을 계속 진행하다가 한 사람이 카드를 모두 잃으면 게임이 끝납니다. 카드를 가장 많이 모은 사람이 승리!

카드가 많을수록 게임을 더 재미있게 할 수 있겠죠? 5권의 과학자 캐릭터 카드도 기대해 주세요!

초등학생을 위한 양자역학 ④

1판 1쇄 2021년 2월 3일
1판 9쇄 2024년 6월 1일

기획 어린이과학동아
그린이 홍승우
지은이 이억주
감수 최준곤
펴낸이 김정순
편집 조장현 허영수
디자인 김진영
마케팅 이보민 양혜림 손아영

펴낸곳 (주)북하우스 퍼블리셔스
출판등록 1997년 9월 23일 제406-2003-055호
주소 04043 서울시 마포구 양화로 12길 16-9(서교동 북앤빌딩)
전자우편 henamu@hotmail.com
홈페이지 www.bookhouse.co.kr
전화번호 02-3144-3123
팩스 02-3144-3121

ISBN 979-11-6405-082-6 64420
ISBN 979-11-6405-064-2 (세트)

* 해나무는 (주)북하우스 퍼블리셔스의 과학 브랜드입니다.
* 초등학생을 위한 양자역학 시리즈는 어린이과학동아에서 연재된 '다운이 가족의 생생 양자역학'을 단행본으로 엮은 것입니다.